KB019350

과학관으로 온 엉뚱한 질문들

과학관으로 온 엉뚱한 질문들

이정모 지음

정은문고

질문이란 무엇인가?

학교와 도서관 강연을 많이 다닌다. 가는 곳곳 청중은 질문을 많이 하는데, 크게 몇 가지로 분류할 수 있다. 첫째, 자신의 지식을 뽐내기 위한 화려한 질문이다. 그날 기분에 따라 다르게 답해준다. 질문이 멋지게 보이도록 답을 할 때도 있고, "까불지 마라"는 투의 답도 한다. 둘째, 검색만 하면 쉽게 답을 찾아내는 질문이다. "얘들아, 스마트폰 꺼내봐. 지금 같이 검색해보자"라며 검색하는 법을 가르쳐준다. 셋째, 내 직업과 관련한 것들이다.

나는 직업이 관장이다. 평생 월급 받는 직장을 네 군

데 경험했는데 그 가운데 세 곳에서 관장을 맡았다. 그것도 자연사박물관과 과학관 관장. 과학관 관장이 사람들에게는 아주 별나게 보이나 보다. 그래서 질문이 많다. "어떻게 하면 과학관 관장이 될 수 있나요?"처럼 답이 길어질 질문도 있고 연봉처럼 공개적으로 답하기 곤란한 질문도 있지만, 과학관 관장의 생활에 관한 질문이 많다.

그동안 제일 많이 받은 질문은 "관장님은 출근하면 제일 먼저 뭐 하세요?"였다. 글쎄…… 가장 먼저 컴퓨터를 켜서 출근 등록을 하고, 조성진의 쇼팽 음반을 틀고, 커피를 마신다. 그리고 메일을 확인한다. 주로 최근에 강연을 들은 사람들이 보낸 메일이다. 내 강연이 얼마나 멋졌는지, 자기 인생에 어떤 힘이 되는지 같은 내용을 읽으면서 뿌듯해지고 마구 자랑하고픈 메일이 반 정도다. 4분의 1은 "어떻게 기독교인이 진화를 입에 올리고 강연을 하고 다녀요?" 같은 항의성 메일이고 나머지는 그냥 자기가 궁금한 것들이다.

사람들은 과학관 관장은 아무 질문이나 툭 던지면 자판기처럼 톡 하고 답이 나온다고 생각한다. 그럴 리 있는가? 없다! 하지만 놀랍게도 정말 톡 하고 답이 튀어나오는 질문도 꽤 많다. 이런 질문에 답하는 일은 재밌다. 다만 시간이 많이 필요하다. 게다가 같은 질문이 반복된다.

그렇다! 역사만 반복되는 게 아니라 질문도 반복된다. 그래서 강연 슬라이드 마지막 페이지 뒤에 몇 장 더 준비하곤 한다. 어차피 나올 것 같은 질문에 미리 답하기 위한 자료 슬라이드다. 강연 질문만 반복되지 않고 이메일로 온 질문도 반복된다. 그렇다면 질의응답 슬라이드를 만들 듯이 메일 질문에 대한 답을 미리 만들어 놓으면 어떨까? 그 질문과 답이 『과학관으로 온 엉뚱한 질문들』로 탄생했다.

관계의 시작은 질문이다. 인간관계는 대화로 만들어지는데 대화는 질문으로 촉발되기 때문이다. 좋은 질문은 좋은 대화를 이끌고 좋은 대화는 좋은 관계를 만든다. 모범적인 좋은 질문을 보여주는 책이 있다. 『이것은 질문입니까?』라는 책이 바로 그것. 옥스퍼드대학과 케임브리지대학이 최고 인재를 자기네 학생으로 뽑기 위해 던진 질문을 모은 책이다. 10년이 지난 지금까지 기억나는 질문은 이것이다.

"이것은 질문입니까?"

교수가 이렇게 묻자 학생은 대답했다.

"글쎄요. 만약 이것이 대답이라면 그것은 질문이었던 게 분명하네요."

얼마나 쿨한 답변인가. 내가 교수라면 그 학생을 뽑았지 싶다. 과학관에 온 질문에 대답하는 내 태도도 비슷하다. 너무 상처받지 마시기를…….

과학관은 호기심을 해결하는 곳이 아니라 새로운 질문을 얻어 가는 곳이다. 이 책을 읽는 독자들이 "아하! 그렇구나!"보다 "그래? 아닌 것 같은데?", "정말 그렇다면 또 이건 왜 그래?" 같은 질문을 얻길 바란다. 질문이 생기면 메일을 보내시라. 우리나라에는 과학관이 136개나 있다. 굳이 내게만 물을 필요는 없다. 집에서 가까운 과학관 관장과 메일을 주고받다가 친구가 되는 건 어떨까!

2021년 가을, 관악산과 청계산 사이에서

이정모

1장 인간 탐구

2장 동물과 식물 사이

3장 생활 속 미스터리

4장 보이지 않는 세계

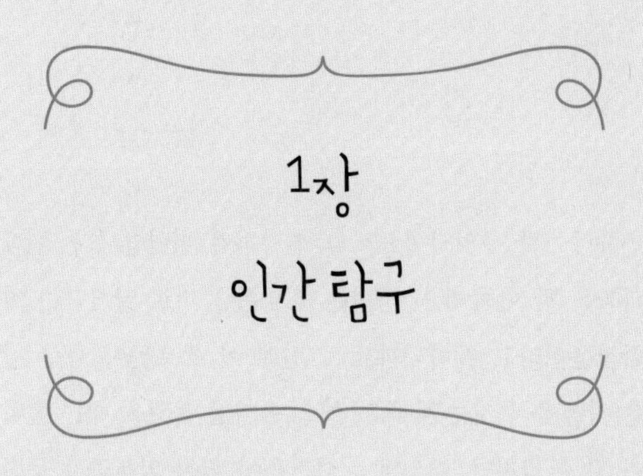

1장

인간 탐구

사랑의 유효기간은 3년이라고 하던데, 진짜인가요?

사랑이란 무엇일까요? 참 설명하기 어렵습니다. 현대 과학은 참 야박해요. 사랑은 호르몬 분비로 일어나는 화학작용이라고 말하니까요. 그런데 이 호르몬이 항상 같은 작용을 하지는 못해요. 처음 음악을 틀었을 때는 음악이 잘 들리지만, 어느덧 백색소음이 되어 의식하지 못하는 것과 같지요. 사랑 호르몬이 계속 분비되면 어느 순간 대뇌에서 더 이상 화학반응을 일으키지 않거든요. 사랑 호르몬의 유효기간은 18개월에서 36개월에 불과합니다.

어떻게 아냐고요? 뇌 영상을 찍어 확인합니다. 서로 사랑하는 남녀에게 상대방 사진을 보여준 후 MRI자기공명영상를 촬영합니다. 그러면 마약을 복용했을 때 반응하는 뇌의 영역이 활성화됩니다. 사랑에 빠진다는 건 마약을 복용하는 것처럼 강렬한 경험인 셈이죠.

제가 편하게 사랑 호르몬이라고 말했지만 사실 이런 호르몬은 없어요. 여러 호르몬이 협동작업으로 일으키는 결과인데요. 엔도르핀, 페닐에틸아민, 도파민이 사랑 호르몬의 정체입니다.

엔도르핀은 너무나 유명해요. 심지어 꼬마 아이들도 기분 좋으면 "엔돌핀이 돈다"고 말하더라고요. 페닐에틸아민은 콩깍지 호르몬입니다. 사랑에 빠지면 눈에 콩깍지 씌었다고 하잖아요. '정말 저 사람은 아닌데, 내가 왜 이러지?' 할 때가 있는데, 콩깍지가 껴서 그렇죠. 도파민은 만족 호르몬입니다. 살다 보면 어떤 이유로 말할 수 없는 만족감이 생길 때가 있잖아요. 도파민이 마구 분비되었기 때문입니다.

결국 사랑이란 행복하고 눈에 콩깍지가 껴서 판단이 안 되는 만족스러운 상태를 말합니다. 이 모든 것이 화학작용의 결과입니다. 그런데 호르몬에 의한 화학작용의 유효기간은 기껏해야 3년이란 겁니다. 이상하지 않습니까?

가정을 이룬 사람 대부분이 처음처럼 불타오르지는 않아도 여전히 행복하게 만족하면서 살잖아요. 그렇다면 이건 사랑이 아니고 뭘까요?

과학자들이 말하길, 사랑은 한 가지가 아닙니다. 사랑은 성욕이 아닙니다. 사랑은 섹스만이 아닙니다. 사랑은 여러 가지 모양의 그릇에 담기는 감정입니다. 포용, 헌신, 믿음, 책임, 존경, 연민, 친절, 이해, 자유처럼 가슴에서 울리는 다른 느낌 모두가 사랑입니다. 뇌세포 사이 시냅스에서 더는 성적 욕망 불꽃은 튀지 않아도 또 다른 불꽃이 튀고 있지요.

HO
HO
NH2
NH2

더 크고 싶어요,
그런데 왜! 성장이 멈출까요?

자연사를 살펴보면 생명체는 점차 큰 방향으로 진화합니다. 여기에는 두 가지 이유가 있습니다. 작아지는 데는 한계가 있기 때문입니다. 생명이 워낙 작은 박테리아로 시작하다 보니 더 작아질 여지가 없는 거예요. 하지만 커지는 쪽은 아직 한계가 없습니다.

자동차는 커지면 커질수록 에너지 효율이 낮아지는 반면 생명체는 자동차랑 달라요. 커질수록 에너지 효율이 높아집니다. 생명체는 대부분 에너지를 체온 유지하는 데 사용하죠. 그런데 체온을 빼앗기는 곳은 피부잖아요. 덩치가 커지면 커질수록 덩치에 대한 피부의 비율이 줄어듭니다. 이 이야기는 덩치가 커지면 에너지 효율이 높아진다는 말입니다.

실제로 큰 동물은 효율적이에요. 생쥐와 코끼리를 비교하면 코끼리 무게가 10만 배나 크죠. 하지만 두 동물의 평생 심장박동수는 20억 회 정도로 같습니다. 코끼리는 심장이 천천히 뛰는 대신 오래 살고, 생쥐는 심장이 빨리 뛰는 대신 수명이 짧습니다. 때문에 보통 큰 동물이 오래 살지요.

성장이 멈추지 않으면 어떤 일이 생길까요? 걸리버를 생각해보죠. 조너선 스위프트가 쓴 『걸리버 여행기』에 따르면 걸리버는 소인국 사람보다 키가 12배 큽니다. 키가 12배 크면 부피는 12 곱하기 12 곱하기 12 해서 1,728배 큽니다. '와! 크다'로 끝나는 게 아닙니다. 소인국 사람들은 매일 0.25리터의 포도주를 마신다면, 걸리버는 0.25 곱하기 1,728 해서 매일 432리터의 포도주를 마시니까요.

걸리버처럼 큰 사람이 여러 명이면 어떻게 될까요? 음, 생각만 해도 끔찍하네요. 소인국에서 더 이상 걸리버 일행을 보살펴주지 못할 겁니다. 자연도 그렇습니다. 생명체 크기가 어느 정도 이상이면 감당하지 못합니다. 대멸종

때마다 큰 동물이 가장 먼저 사라지곤 했지요.

아무리 생각해도 키는 적당히 크다 마는 게 좋은 것 같아요. 우리 키가 계속 자라면 어떻게 되겠어요? 천장도 계속 높아져야 하고, 버스도 그렇고, 옷은 또 어떻고요. 계속 자라면 먹는 양도 점점 늘어날 텐데 걱정이 이만저만이 아니네요. 지구가 수용할 능력에도 한계가 있으니 우리 수명은 얼마 되지 못할 겁니다.

코끼리가 쥐보다 확실히 오래 살지만, 사람은 키가 크다고 심장이 천천히 뛰고 더 오래 살지도 않잖아요. 그러니까 키 커봐야 별것 없어요. 괜히 밥만 많이 먹죠, 뭐. 다행히 동물은 어느 정도 크고 나면 성장이 멈춥니다. 뼈 양쪽 끝에 있는 성장판이 닫히기 때문이죠. 남자는 17세, 여자는 15세쯤에 닫힙니다. 성장이 멈춰야 생명체에도 좋고 지구에도 좋습니다. 모든 세포는 언젠가는 분열을 멈추고 죽습니다. 죽음은 생명체의 고귀한 성질입니다. 죽지 않고 끝까지 버티는 세포를 우리는 암세포라고 부릅니다.

언제부터 여자는 분홍색,
남자는 파란색이 되었나요?

아내가 임신했을 때 일입니다. 친구들이 물어요. 아들인지 딸인지. 왜 그러냐니까 선물을 해야 하는데 아들인지 딸인지 알아야 한다는 거죠. 아기 선물은 분유나 기저귀보다 옷을 선물하잖아요. 그런데 딸이면 분홍, 아들이면 하늘색 옷이라고 딱 정해져 있어요. 우리나라만 그런 게 아니라 전 세계가 그래요.

색상에 대한 남녀의 취향 차이는 선천적인 걸까요, 아니면 후천적인 걸까요? 다시 말해 유전자에 새겨져 있는 걸까요, 아니면 교육과 문화의 결과일까요? 궁금하면 실험해봐야죠. 영국의 신경과학자들이 해봤어요. 성별에 따른 선호 색깔 차이의 원인을 알아보려고 20대 남녀 206명을 골랐습니다. 대부분은 백인이었는데, 37명은 중국인 유전자를 받은 사람이었어요.

우선 색깔에 대한 취향이 실제로 남녀 사이에 차이가 있는지 살펴봤습니다. 직사각형 2개가 나타났다 사라졌다 하는 모니터를 보게 했어요. 직사각형 색깔은 푸른 계열과 붉은 계열이었죠. 어느 쪽이 마음에 드는지 고르게 했는데 어느 색을 더 좋아했을까요, 남녀 차이가 있었을까요? 없었습니다! 남녀 모두 푸른색 계열을 더 좋아했습니다.

이번에는 여러 색깔을 보여주고 이 가운데 고르라고 했어요. 남자는 특정한 색에 치우치지 않았어요. 다양하게 골랐죠. 색에 대한 특별한 취향이 없는 거예요. 그런데 여자는 파란색보다는 붉은 계열을 훨씬 더 많이 선택했어요. 이건 남자와 여자는 색깔에 대한 취향이 분명히 다르다는 사실을 말합니다.

그렇다면 취향 차이의 원인이 무엇인지 알아봐야겠죠? 선천적인지, 후천적인지 즉 유전적인지, 교육과 문화의 결과인지 말입니다. 색깔 취향에 관한 유전자는 발견된 적이 없으니 문화적인지 아닌지 여부만을 밝힐 수 있었죠.

이번에는 아직 세상 경험이 없는 어린아이들을 대상으로 실험했습니다. 만약 이 실험에서 남녀 차이가 없다면 색깔 취향 차이는 후천적이고, 남녀 차이가 있다면 그 원인은 선천적일 테지요. 결과는 아직 세상 경험이 없는 어린아이들도 남자는 파란색, 여자는 붉은색 계통을 선호했습니다. 다시 말해 남녀의 색깔 취향 차이는 문화적이 아니라 유전적 영향일 가능성이 큰 거죠.

왜 이런 차이가 생겼을까요, 생존과 관련이 있었을까요? 인류학자들은 구석기시대 경험에서 각인됐다고 해석합니다. 여성은 주로 채집을 했는데 과일은 붉은색이 많으니까 자연스럽게 붉은색을 좋아하게 되었다는 것이지요.

정말 그럴까요? 남성은 사냥, 여성은 채집이라는 공식은 그야말로 현대 남성 학자들의 편견이 낳은 결과라는 게 최근 학설입니다. 요즘 인류학책은 여성이 사냥하는 장면을 표지로 삼기도 해요. 1920년대 사진을 보면 남자는 핑크, 여자는 블루였습니다. 1940년대 들어서야 남자는 블루, 여자는 핑크가 되었지요. 남녀에 따른 색깔 취향은 선천적인 게 아니라 후천적일 가능성이 큽니다.

그렇다면 세상 경험이 없는 어린아이들을 대상으로 한 앞선 실험 결과는 뭐냐고 물을 수 있겠죠. 아마 실험을 진행한 사람들의 편향성이 반영된 게 아닐까요? 과학은 진리가 아닙니다. 얼마든지 틀릴 수 있어요.

왜 코털이나 눈썹은 머리카락처럼 계속 자라지 않나요?

사람은 젖을 먹고 자라는 포유류입니다. 포유류에게는 몇 가지 공통점이 있지요. 그중 하나가 무릎뼈입니다. 평소에 눈여겨보지 않으셨을 텐데요. 조류나 파충류에는 없는 특징입니다. 또 목뼈가 7개라는 특징도 있지요. 저처럼 목이 짧은 사람이나 목이 길어 슬픈 사슴이나 몸길이의 반이 목인 기린이나 목뼈는 모두 7개입니다. 심지어 바닷속에 사는 고래도 목뼈는 7개지요. 그리고 이빨이 여러 가지입니다. 공룡 같은 파충류는 이빨이 한 가지예요. 다 송곳니처럼 생겼든지 아니면 다 어금니처럼 생겼지요. 그런데 포유류는 앞니, 송곳니, 앞어금니, 뒤어금니로 기능이 나눠져 있습니다.

결정적으로 포유류는 온몸이 털로 덮여 있습니다. 고래와 벌거숭이두더지쥐처럼 털이 사라진 몇몇 동물을 제외하면 많든 적든 털을 가집니다. 뭐, 고슴도치처럼 털이 가시로 변한 경우도 있고, 천산갑이나 아르마딜로처럼 털이 비늘로 변한 경우도 있지만요. 사람은 코끼리, 하마와 함께 털이 아주 적은 편에 속하는 포유류입니다. 피부 곳곳에 털이 남아 있긴 해도 대부분 피부는 그냥 공기에 노출됩니다.

그런데 궁금해요. 왜 어떤 털은 길고 어떤 털은 짧을까요? 머리카락은 가만히 두면 끝없이 자라건만 눈썹이나 코털은 마치 길이가 정해진 것처럼 자라다 마냐는 겁니다. 그것은 털마다 성장하는 기간이 다르기 때문입니다. 털도 인생이 있어요.

털의 인생은 성장기, 퇴행기, 휴지기로 이루어집니다. 털이 나서 자라는 기간이 성장기입니다. 그다음에 오는 퇴행기에는 길이와 형태가 그대로 유지되죠. 그리고 휴지기에 들어서면 털이 점점 가늘어지다가 모근에서 빠져나가고 그 자리에 새로운 털이 생길 준비를 합니다. 즉 털은 자라는 시기, 멈춘 시기, 새 털을 준비하는 시기로 나뉘고 털이 자라는 기간은 성장기뿐이라는 이야기입니다.

이제 짐작하시겠죠? 아, 털마다 성장기 기간이 다르겠구나! 맞습니다. 머리카락의 성장기는 길지요. 무려 8년이나 됩니다. 그러다 보니 머리카락의 90퍼센트 정도는 성장기에 해당합니다. 성장기의 머리카락은 1개월에 1센티미터씩 자랍니다. 1년이면 12센티미터, 8년이면 96센티미터니까, 가만두면 1미터 정도 자라게 되죠. 그런데 주변에 보면 머리카락 길이가 1미터 넘는 분들이 있잖아요. 특이한 분들이에요. 머리카락의 성장기가 더 길어 그만큼 긴 겁니다. 머리카락의 퇴행기는 3주 정도로 짧습니다. 머리카락의 1퍼센트가 여기에 해당하죠. 그리고 나머지가 휴지기입니다.

머리카락의 성장기는 8년이나 되는 반면 눈썹은 성장기가 1개월에 불과합니다. 몸의 털도 성장기가 짧습니다. 그러니 안타까운 일들이 일어납니다. 요즘은 몸에 털이 없는 매끈한 피부를 매력적이라고 느끼는지 제모를 많이 하는데요. 털들은 성장기가 짧기에 제모 역시 자주 해야 합니다.

참, 파충류의 비늘이나 새의 깃털 그리고 우리 같은 포유류의 털은 모두 하나의 공통 조상에서 비롯되었습니다. 바로 물고기의 비늘입니다.

꿈은 왜 꾸는 건가요?

꿈꾸기 좋아하시나요? 맨정신으로 꾸는 꿈은 좋죠. 나는 뭐가 되겠다, 세상을 이렇게 바꾸겠다, 저 사람과 사귀고 싶다, 이런 것 말입니다. 그런데 자면서 꾸는 꿈은 사람을 피곤하게 해요. 그다지 좋은 꿈도 아니죠. 저는 어릴 때 뱀에게 쫓기는 꿈을 많이 꿨어요.

이 성가신 꿈을 왜 꾸는 걸까요? 뇌가 가만히 있지 않아서 그래요. 우리는 잠을 자고 있는데 뇌가 뭔가 활동을 많이 하기 때문입니다. 잠은 크게 두 단계로 이루어져 있습니다. 렘수면과 비렘수면이죠.

렘수면의 렘은 영어로 'REM'이에요. REM은 Rapid

Eye Movement. Rapid는 빠른, Eye는 눈, 하늘에서 내리는 눈이 아니라 얼굴에 있는 눈, Movement는 운동이잖아요. 그러니까 렘이란 빠른 안구 운동이라는 뜻이고, 렘수면이란 빠른 안구 운동 잠이라는 말이에요. 잠은 렘수면과 비렘수면으로 되어 있다고 했잖아요. 비렘수면의 '비'는 아닐 비非를 써요. 그러니까 비렘수면은 빠른 안구 운동 수면이 아닌 잠을 말하죠.

그렇다면 렘수면은 깊은 잠일까요, 얕은 잠일까요? 굳이 과학적으로 생각하지 않더라도 생각해보면 렘수면은 얕은 잠이겠죠. 깊이 잠들었으면 눈알도 안 움직일 테니까요. 렘수면일 때 뇌는 아주 활발히 활동합니다. 이때 꿈을 꾸게 됩니다.

사람만 꿈을 꾸는 게 아닙니다. 개와 고양이를 키우는 분들은 아실 거예요. 걔네들도 잠을 자면서 땅을 파헤치는 동작을 하잖아요? 꿈을 꾸고 있는 겁니다. 그렇다면 우리는 꿈을 꾸기 위해 잠을 자는 걸까요? 설마요! 잠의 목적은 따로 있습니다. 그건 다음에 이야기하도록 하죠.

꿈을 꾸기 위해 잠을 자는 게 아니라 자다 보면 꿈을 꾸는 거죠. 꿈을 꾸는 것은 뇌과학 영역입니다. 꿈꾸는 사람의 뇌 영상을 보면 공통적으로 대뇌 뒤쪽이 활성화됩니다. 그 부위는 스트레스와 감정을 처리하고 일상생활에서의 경험을 반복 학습하면서 기억하게 하는 역할을 합니다. 쥐에게 미로를 탐색하게 한 다음 잠을 재웠더니 미로를 탐색할 때 활성화된 영역이 잠잘 때도 활성화되었습니다.

또 꿈은 위험한 상황에 미리 대처할 수 있도록 예행연습을 시킵니다. 우리가 꿈을 꾸지 않으면 어떻게 될까요? 스트레스는 쌓이고 기억력은 떨어지며 위험 상황에 대한 예행연습도 못 할 겁니다.

잠을 안 자면 어떻게 되나요?

잠에 대한 과학 연구는 1953년에서야 제대로 시작됩니다. 그리고 잠이 꿈을 꾸는 렘수면과 네 단계의 비렘수면으로 구성되어 있음이 서서히 밝혀지죠. 잠을 자는 이유에 대해서는 몇 가지 이론이 있습니다.

첫째, 기억을 정리하는 과정이라는 설입니다. 2006년 3월 『네이처』에 실린 논문에 따르면 반드시 잠이 들지 않더라도 누워서 편히 눈 감고 쉬기만 해도 잠과 같은 효과를 누릴 수 있습니다. 이때 잠잘 때처럼 외부로부터 정보가 들어오는 것을 막아야 합니다. 불을 끄고 음악이나 라디오 뉴스 같은 소리도 들리지 않아야 해요. 왜냐하면 이

때 뇌가 해야 할 일은 따로 있기 때문입니다.

양쪽 귀 뒤쪽 깊숙한 곳에 '해마'라는 뇌 부위가 있습니다. 정말 해마처럼 생겼어요. 기억을 일시적으로 보관하는 곳인데, 용량이 작습니다. 그래서 24시간 분량만 저장할 수 있어요. 시간이 지나면 앞쪽 기억에 새로운 기억을 덮어씁니다. 마치 자동차 블랙박스처럼 말입니다.

그런데 우리는 수십 년 전 일도 생생하게 기억하잖아요. 해마가 온갖 기억을 필요한 것과 불필요한 것으로 분류해 필요한 기억만 대뇌 신피질로 보내기 때문입니다. 기억을 분류하는 데 여섯 시간이 걸립니다. 이 말은 우리가 최소한 여섯 시간은 자야 한다는 뜻입니다. 잠을 제대로 자지 못하면 해마는 기억을 '분류 불능'으로 처리해 삭제해버립니다. "잠은 매일 최소한 여섯 시간씩 충분히 잤습니다"라는 수능 만점자 인터뷰가 거짓말은 아닙니다.

그런데 조금 이상합니다. 인간처럼 수명이 길어 기억 관리가 필요한 동물이 있는가 하면 수명이 단 몇 시간에 불과한 동물이 있는데, 모두 잠을 자거든요. 하루살이가 그렇습니다. 그들의 수명은 기껏해야 열다섯 시간(수컷)에서 이삼일(암컷)입니다. 짝짓기에도 부족한 시간이죠. 오축하면 먹는 시간도 아까워서 입을 퇴화시켰겠습니까? 먹지도 않고 암컷만 찾아다니는 녀석들도 잠을 잡니다. 이건 잠은 선택사항이 아니라 필수사항이라는 뜻입니다. 이 사실이 잠을 자는 이유에 대한 두 번째 이론을 설명합니다. 잠은 뇌에 쌓인 노폐물을 씻어내기 위해서 필수적이라는 것이죠.

2013년 10월 『사이언스』에 발표된 논문에 따르면 잠을 자지 못하면 뇌에 노폐물이 쌓여 탈이 난다고 합니다. 여기서 노폐물은 온갖 잡스러운 기억에 대한 은유가 아닙니다. 진짜로 쓰레기가 쌓입니다. 바로 '아밀로이드 베타'라는 단백질입니다.

살수차가 물을 뿌려서 도로를 청소하는 것처럼 뇌는 뇌척수액으로 아밀로이드 베타를 씻어냅니다. 뇌척수액이 흐르기 위해서는 신경세포 사이 틈새가 넓어야 합니다. 그런데 뇌가 활동할 때는 틈새가 좁아집니다. 뇌척수액이 깊이 침투할 수 없지요. 반면 잠을 자면 틈새가 넓어져서 뇌척수액이 구석구석 아밀로이드 베타를 씻어낼 수 있습니다.

잠을 자야 하는 세 번째 이론은 에너지 소비를 줄이기

위한 적응이라는 것입니다. 사람 뇌는 체중의 2퍼센트에 지나지 않지만, 에너지는 20퍼센트나 사용합니다. 에너지 효율이 아주 낮은 기관입니다. 그래서 활동하지 않을 때는 꺼두는 게 필요하지요. 아무튼 잠을 자야 건강에 좋습니다.

나이 들면 잠이 없어진다고들 하잖아요, 정말인가요?

어릴 적 저는 아무리 모범심과 애국심으로 무장하려고 해도 일찍 자고 일찍 일어나는 일만은 정말 힘들었습니다. 밤마다 "안 자고 뭐 하느냐"는 아버지의 핀잔을 들어야 했고 아침마다 절 깨우려는 엄마의 성화에 괴로워했습니다.

그런데요, 어느 날부터인가 늦잠을 안 잡니다. 부지런해진 게 아닙니다. 새벽에 저절로 눈이 떠집니다. 그러고는 스스로 만족스러워합니다. 내가 얼마나 책임감 있는 가장이며 직장인인지 스스로 뿌듯해하는 거죠. 그리고 아침에 일찍 못 일어나는 내 두 딸이 언젠가는 일찍 자고 일찍 일어나는 새 나라의 청년이 되기를 고대합니다.

왜 노인은 일찍 자고 일찍 일어나고, 젊은 사람들은 늦게 자고 늦게 일어날까요? 구석기시대 삶이 그랬습니다. 다 같이 잠들었는데 사자가 습격하면 속수무책이잖아요. 그래서 노인들이 먼저 잠들고 이때 젊은 사람들이 자지 않고 보초를 섭니다. 젊은 사람들이 잠자리에 들 때쯤 노인들이 일어나서 보초를 서는 거죠. 노인들이 근면 정신이 투철해서 일찍 일어나는 게 아닙니다. 아이들이 게을러서 늦게 일어나는 게 아닙니다. 그저 가족을 지키기 위한 정상적인 활동일 뿐입니다.

잠은 훈련으로 되는 게 아닙니다. 3년 내내 새벽 6시에 일어나던 군인도 제대한 다음 날부터 늦잠을 자더라고요. 잠은 자신의 의지가 아니라 뇌줄기라고 하는 뇌의 한 부분이 조절합니다. 뇌줄기는 반사작용이나 내장 기능처럼 무의식적인 여러 활동을 책임지죠. 뇌줄기의 역할 가운데 하나가 멜라토닌이라는 호르몬을 분비하는 것입니다. 멜라토닌은 낮에 햇빛을 받아야 만들어지고 밤에 분비됩니다. 구석기시대 사람들은 해가 지자마자 분비되기 시작했을 겁니다. 하지만 현대로 올수록 멜라토닌 분비

시간이 점차 늦어졌지요. 사춘기가 되면 대개 밤 11시쯤 부터 분비되기 시작해 아침 9시 넘어서까지 남아 있습니다. 청소년들이 게으르거나 게임과 핸드폰에 빠져서가 아니라 원래 늦게 자고 늦게 일어나는 생리적인 사이클이 있는 거예요.

새벽이면 저절로 눈이 떠지시나요? 나이가 드신 겁니다. 아침에 일어나기 힘드신가요? 젊어서 그렇습니다. 노인에게는 노인의 삶이 있고, 청소년에게는 청소년의 삶이 있습니다. 청소년에게 충분한 잠을 허락하면 좋겠어요. 전국의 모든 중고등학교가 경기도처럼 9시에 등교하면 좋겠어요. 조금 더 나아가 등교 시간을 10시로 늦추면 어떨까요?

아마존 원주민들도
밀림 속에서 길을 잃고 헤맬까요?

음, 제가요, 아마존에 가보지 못했을 뿐만 아니라 아마존 출신의 사람을 만나본 적도 없고 심지어 그 유명한 MBC 다큐멘터리 「아마존의 눈물」도 보지 않은 사람입니다. 그러니 제게 아마존 원주민들도 밀림 속에서 길을 잃고 헤맬지를 물으셔도 딱히 해드릴 말씀이 없죠.

그러나! 함께 생각은 해볼 수 있을 것 같아요. 『추락하는 것은 날개가 있다』라는 소설이 있습니다. 이문열 작가의 책이고 1990년에 영화로 만들어졌죠. 대종상을 휩쓸었던 기억이 납니다. 잘나가던 한 남자(손창민)가 한 여자(강수연)에 대한 연민과 사랑 때문에 균형감을 잃고 결국은 살인까지 저지르게 되는 일종의 심리극입니다. 이 소설에서 추락한 사람은 남자입니다. 왜 추락했을까요? 날개가 있기 때문이죠. 일단 하늘로 올라갔기 때문입니다.

날개와 추락이라는 단어는 자연스럽게 그리스 로마 신화에 등장하는 '이카로스의 날개'를 떠올리게 합니다. 다이달로스는 자신이 만든 미궁에 아들 이카로스와 갇히고 맙니다. 사연이 좀 복잡해요. 아무튼 자신이 만들었지만 너무 잘 만들어서 빠져나올 방법이 없자 그는 하늘을 날아 탈출하기로 결심했습니다. 새털을 밀랍으로 엮어 날개를 만들어 붙여 탈출했죠. 이 장면을 괴테는 『파우스트』 2부 3막에 이렇게 묘사했습니다.

"날개가 펼쳐졌다! 저곳으로 가야 해! 나는 가야 해! 가야 해! 나는 태양까지 날아갈 테다!"

이카로스의 날개 이야기는 흔히 욕망과 무모함을 경계하는 데 인용됩니다. 하지만 그 무모함이야말로 우리가 부러워할 일이죠. 역사 발전은 바로 그 무모한 사람들이 이끌어냈잖아요. 인류는 무모하게 대서양을 건너 아메리카대륙을 만났고 정말 턱도 없는 시도로 달에 발을 내디뎠습니다. 다들 말도 안 된다고 했지만 이젠 여성도 투표

권을 갖고 있잖아요. 이런 일이 단숨에 된 적은 없습니다. 무수히 많은 추락의 결과입니다.

'추락하는 것은 날개가 있다'는 말은 날개를 달고 추락하지 말자는 게 아니라 날개를 달고 날아보자는 겁니다. 날다 보면 추락도 하겠지만 말입니다. 소설 제목은 오스트리아 시인 잉게보르크 바흐만의 시에서 따왔습니다. 시에 이런 구절이 있습니다.

"우리는 자러 가야 해요. 사랑하는 이여, 놀이는 끝났어요. 발꿈치를 들고, 하얀 잠옷들이 부풀어 오르네요."

애당초 희망이란 날개가 없다면 추락도 없겠지요. 추락이 무섭다고 희망이란 날개를 접을 수는 없지요.

다시 질문입니다. 아마존 원주민들도 밀림 속에서 길을 잃을까요? 그들이라고 왜 길을 잃지 않겠어요. 만약 그들이 길을 잃지 않는다면 멀리 가지 않기 때문일 겁니다. 먼 길을 떠난 사람들은 길을 수없이 잃었으니까요.

한 발로 서서 몸무게를 재면 두 발로 설 때보다 적게 나올까요?

한 발로 설 때와 두 발로 설 때 체중이 같게 나올까요, 다르게 나올까요? 궁금하시면 체중계에 올라가 재보면 됩니다. 하지만 체중계에 오르기 전에 머리로 먼저 생각해봅시다.

먼저 체중계를 2개 나란히 놓고 양발을 하나씩 올려놓으면 어떻게 될까요? 100킬로그램인 사람이 체중계 2개에 한 발씩 올리고 있으면 어떻게 되느냐는 말입니다. 이것도 해봐야 알겠군요.

그러면 한강 다리를 생각해보죠. 한강에 다리를 놓는데 교각을 1개 세울 때와 2개 세울 때, 어느 쪽이 더 안전

할까요? 아니 교각을 5개 놓는 것과 10개 놓는 것, 어느 쪽이 더 안전할까요? 교각을 많이 세우는 쪽이 안전하겠죠. 그렇지 않다면 되도록 교각을 조금만 세울 테니까요. 돈도 절약하고 보기도 좋고 그 아래로 배가 통과하기도 편하니까요. 하지만 다리에는 교각이 많아요. 돈이 넘쳐 나서 그런 건 아니겠죠. 그래야 다리가 안정적으로 버티기 때문입니다.

교각이 많으면 다리가 안정적인 건 왜 그럴까요? 다리 무게가 각 교각으로 분산되기 때문이겠죠. 그렇다면 체중 100킬로그램인 사람이 체중계 2개에 각각 발을 하나씩 올려놓았다면 어떻게 될까요? 저마다 체중계가 50킬로그램씩 표시할 겁니다. 정확히 반반은 아니더라도 아무튼 합하면 100킬로그램이 되겠지요.

이제 원래 질문으로 돌아가 보죠. 체중계에 한 발로 서면 표시되는 숫자가 작아질까요? 앞 실험을 계속 이어서 하면 되겠네요. 100킬로그램인 사람이 2개의 체중계에 한 발씩 딛고 있을 때 체중계는 각각 50킬로그램을 가리키고 있잖아요. 이때 왼쪽 발을 드는 거예요. 그러면 왼쪽 체중계는 당연히 0을 가리키겠죠? 이때 오른쪽 체중계는 어떻게 되나요? 그대로 50일까요? 아니면 100이 될까요?

그래도 답이 안 떠오른다면 다시 한강 다리를 가지고 이야기해보죠. 한강 다리는 대략 1만 3,000톤 정도 합니다. 하지만 계산하기 편하게 1만 톤이라고 하죠. 10개 교각이 있으면 각 교각은 1만 톤의 10분의 1인 1,000톤을 감당하겠죠. 교각 밑에 저울을 두면 1,000톤씩 나올 거예요.

이때 교각 5개를 없애면 어떻게 될까요? 저울이 1,000톤만 표시할 리는 없잖아요. 다리 무게가 있는데. 만약에 교각을 줄여도 교각 밑 저울 숫자가 바뀌지 않는다면 교각을 많이 세울 필요가 없잖아요. 나중에 교각을 다 없애고 1개만 두면 그 아래 저울은 1만 톤을 표시할 겁니다. 우리 체중계도 마찬가지예요. 발 하나가 공중에 떠 있을 때, 다른 발밑 체중계에는 우리 체중 전체가 표시됩니다.

쌍둥이는 지문도 같나요?

예전엔 지문이란 주민등록증 발급받을 때 한 번 찍는 게 전부였죠. 그러고는 지문을 사용할 일이 없었어요. 경찰에 범죄자로 등록되거나 어디서 돈을 빌릴 때나 지문을 찍었지요. 하지만 요즘은 지문 인식을 거의 매일 사용합니다. 등기부등본 발급받을 때, 휴대폰 켜거나 송금할 때, 심지어 현관문 열 때도 씁니다. 그만큼 쓸모가 많아진 셈이죠.

그런데 무슨 이유로 지문을 중요한 판별에 사용하는 걸까요? 지문은 사람마다 다르기 때문입니다. 지문이 같을 확률은 얼마나 될까요? 찾아보니 답이 다 다르더군요. 10

억분의 1이라는 사람도 있고 640억분의 1 또는 870억분의 1이라는 얘기도 있어요.

다 맞는 말입니다. 지문 판정을 할 때 기준점을 얼마나 많이 사용했느냐에 따라 차이가 생기니까요. 지문 판정을 할 때 우리나라는 12개, 영국은 16개를 사용합니다. 12개든, 16개든 그 점이 100퍼센트 일치해야만 일치한다고 봅니다. 하나라도 일치하지 않으면 다른 거죠. 즉 지문은 100퍼센트 일치하는 게 아니면 그냥 다르다고 판정합니다. 그래야만 수사에도 쓰고 인감증명을 받는 데도 믿고 쓸 수 있죠.

사람은 성장하면서 얼굴이 바뀌잖아요. 그렇다면 혹시 세상을 살아가면서 지문도 바뀌지 않을까요? 1880년 일본에서 활동하던 헨리 폴즈라는 영국인 의료 선교사가 좀 황당한 실험을 했습니다. 의대 학생들 지문을 면도날로 깎고, 환자들 지문을 사포로 문질러서 없앴습니다. 그랬더니 다시 똑같은 지문이 생겼습니다. 결론은 한 번 생겨난 지문은 결코 바뀌지 않는다는 겁니다.

이 결론은 과학 수사에 지문을 사용하는 걸로 이어졌습니다. 헨리 폴즈가 한참 지문을 연구하던 시절 병원에서 사소한 도난 사건이 생겼습니다. 누군가가 소독용 알코올을 조금씩 빼돌린 겁니다. 아마도 누군가 알코올을 훔쳐서 물을 타 술로 마셨으리라고 짐작한 헨리 폴즈는 실험용 비커에서 지문을 발견했고, 자신이 갖고 있던 주변 사람들의 지문 카드에서 동일한 지문을 찾아냈습니다. 이 지문의 주인공은 그가 가르치는 학생이었고 폴즈의 추궁에 학생은 '범행'을 자백했지요.

지문이 공식적으로 진짜 범인을 찾는 데 쓰인 첫 사례는 1892년 아르헨티나 경찰이 문에 묻은 지문을 채취해 살인범을 찾은 일입니다. 런던 경찰국은 1901년부터 지문 체계를 채택했고 그 후엔 전 세계 경찰이 사용하고 있습니다.

하지만 지문이 없는 사람도 있습니다. 지문이 없는 증상이라고 해서 무지문증이라고 하지요. 유전적인 현상입니다. SMARCAD1이란 유전자가 변이를 일으키면 무지문증이 생깁니다. 이런 분들이 의외로 많습니다. 우리나라에도 10여 명 있다고 합니다. 무지문증인 분들은 신분증, 면허증, 여권을 발급받을 수 있을까요? 네, 있습니다. 무지문증이 아니더라도 고된 인생살이에 지문이 닳아 없어진 분도 많이 계시잖아요. 정부가 왜 있겠습니까? 복잡하더라도 다 발급해드립니다.

그렇다면 쌍둥이 지문은 어떨까요? 지문이 생길지 말지를 결정하는 유전자는 있어도 지문 모양을 결정하는 유전자는 없습니다. 땀샘이 솟아올라 만들어진 선과 그 사이 골로 이뤄진 지문은 임신 4개월쯤에 만들어집니다. 쌍둥이라도 엄마 배 속에서의 위치와 받는 압력이 다르잖아요. 그래서 쌍둥이도 지문이 다릅니다. 쌍둥이가 지문이 같다면 이 세상 쌍둥이들은 세상 살기 힘들 거예요. 혹시 쌍둥이 형제가 어디 다니면서 자기 행세를 하면 어떻게 하겠어요.

쌍둥이 여러분, 안심하십시오. 여러분은 쌍둥이 형제와 아주 닮기는 했지만 지문은 확실히 다르니까요.

왼손잡이인데 고쳐야 할까요?

야구 좋아하시나요? 저는 별로 좋아하지 않지만 생생하게 기억에 남는 게임이 있습니다. 인생 최고의 게임이죠. 2009년 3월 18일 미국 샌디에이고 야구장에서 일어난 일입니다. 투수는 견제하는 시늉만 했는데 1루 주자는 두려워서 몸을 날렸습니다. 결국 그에게는 '굴욕'이란 꼬리표가 붙었습니다. 두 주인공은 봉중근과 이치로. 이날부터 누리꾼들은 투수 봉중근을 '봉중근 의사'로 불렀죠. 봉중근 선수는 안중근 의사와 이름이 같은 데다가 굴욕을 당한 사람이 일본 선수였기 때문이죠.

저는 굴욕을 당한 이치로 선수 역시 좋아합니다. 그때

까지 그가 아시아 최고의 타자인 것은 분명한 사실이거든요. 타격과 수비 모두 최상급이었죠. 그런 이치로가 굴욕을 당한 까닭은 봉중근이 워낙 견제의 달인이기 때문입니다. 봉중근이 견제의 달인인 까닭은 무엇일까요? 물론 그 이유는 많겠지만 결정적인 이유는 그가 왼손잡이라는 사실이죠.

좌완 투수는 투구할 때 1루를 바라보고 섭니다. 따라서 1루 주자의 움직임을 훤히 볼 수 있고 발끝만 1루로 살짝 돌리면 견제도 쉽게 할 수 있습니다. 만약 봉중근이 우완 투수였다면 이치로의 굴욕은 없었을지도 모릅니다. 야구는 여러모로 왼손잡이에게 유리한 종목입니다. 왼손 타자는 오른손 타자보다 1루까지 1~2미터나 덜 뛰어도 되며, 잡아당겨서 쳐도 3루타를 칠 확률이 높죠. 그래서인지 야구 선수 가운데는 왼손잡이가 많습니다.

그런데 왼손잡이에 대한 우대는 야구계를 벗어나면 뚱딴지 같은 소리가 됩니다. 오른손잡이는 잘 모르겠지만 왼손잡이의 삶은 고단합니다. 우리나라에 왼손잡이가 400만 명이나 있지만 왼손잡이용 칼, 가위, 공구 등은 특별한 쇼핑몰에서나 구할 수 있습니다. 문손잡이나 화장실 휴지 걸이도 왼손잡이를 고려하지 않습니다. 심지어 왼손잡이를 위한 개인용 책상이 하나도 없는 대학 강의실도 있지요.

인도나 태국 같은 나라에서는 왼손으로 물건을 건네거나 악수를 청하면 욕을 먹거나 따귀를 얻어맞을 수도 있습니다. 예전에는 자식 가운데 왼손잡이가 있으면 '저게 사람 노릇이나 할 수 있겠나……' 하는 걱정에 왼손을 꽁꽁 묶어 쓰지 못하게 하여 오른손잡이로 교정하려고도 했습니다. 하긴 오죽하면 영어로 오른손이 right hand, 그러니까 '옳은right' 손이겠습니까?

물론 오른손잡이가 더 많습니다. 8주 된 태아 시절부터 이미 오른팔을 왼팔보다 더 많이 움직입니다. 하지만 유전자 때문에 왼쪽이 더 발달하는 경우도 있습니다. 그러니 왼손잡이는 왼손을 잘 쓰게 놔두면 됩니다. 가만히 주변의 왼손잡이들을 보세요. 그들은 양손을 다 잘 씁니다. 만약 자신의 자녀가 왼손잡이라면 오른손잡이로 교정하려 들지 말고 양손을 모두 잘 쓰도록 도와주는 게 옳습니다. 정작 옳은 것은 오른손이 아니니까요.

8월 13일은
세계 왼손잡이의 날

"나는 왼손잡이야.
하지만 틀린건 아니야."

어른들도 침대에서 떨어지나요?

수업 시간에 선생님이 눈치채지 못하게 교묘하게 잠자본 기억이 다들 있을 겁니다. 그러다가 스스로 움찔하면서 놀라 깰 때가 있죠. 자신도 모르게 자다가 움찔하면서 깨는 증상을 '수면놀람증'이라고 합니다. 누구나 경험하니까 당연히 몸에 문제가 있는 것은 아니고요. 피로한 가운데 잠이 들다가 깊은 잠에 빠지기 직전, 그때 많이 일어납니다.

잠이 들면 심박수가 떨어지고 근육도 이완됩니다. 편한 단계죠. 잠은 한 가지 상태가 아닙니다. 깊은 잠도 있고 얕은 잠도 있습니다. 과학자들은 잠을 다섯 단계로 나눕니다. 푹 잘 때는 이 다섯 단계가 서너 사이클을 반복합니다. 수면의 단계가 깊어질 때마다 근육은 조금씩 이완됩니다. 그게 정상이에요. 그런데 근육 이완이 제대로 일어나지 않으면 근육 발작이 일어나고 수면놀람증이 발생합니다.

왜 근육이 제대로 이완되지 않을까요? 피로할 때 그래요. 또 빠지지 않는 게 있죠. 스트레스도 그 원인입니다. 우리 몸은 긴장한 상태로 잘 수가 없어요. 이완되어야 하는데 근육이 이완되지 못하니까 잠에서 깨는 겁니다.

하지만 침대에서 떨어지는 것은 수면놀람증과 상관이 없습니다. 침대에서 떨어지는 건 뒹굴뒹굴하다가 떨어지는 거잖아요. 깨지 않고 잘 뒹굴다가 떨어지면서 혹은 떨어진 다음에야 깨죠. 아주 잘 자고 있는 거니 수면놀람증이라고 할 수 없습니다.

저도 처음 침대에서 잘 때 떨어질까 봐 무서웠어요. 또 아이가 태어난 다음에는 침대 가장자리에 베개 따위로 벽을 쌓아 애가 떨어지지 못하도록 막았죠. 하지만 어느 정도 성장한 다음에는 아이도 떨어지지 않습니다.

궁금하잖아요. 그래서 과학자들이 왜 그런지 알아보려

고 잠자는 사람들을 관찰했습니다. 사람들은 자면서 50번 이상 뒤척입니다. 보통 어른들은 왼쪽으로 한 번, 오른쪽으로 한 번 뒤척입니다. 왼쪽으로 돌고 오른쪽으로 도니 결국 제자리인 셈이죠. 하지만 아이들은 한 방향으로만 계속 뒤척였습니다. 아직 몸을 뒤집을 힘이 양쪽 모두 균등하게 발달하지 않았기 때문입니다.

아주 좁은 침대라면 어른들도 떨어질지 모른다고 걱정하실지 모르겠습니다. 유럽을 여행할 때 침대칸에 타실 기회가 있으면 아실 거예요. 침대가 엄청 좁아요. 하지만 떨어지는 사람은 거의 없습니다. 걱정하지 마세요.

발톱도 쓰임새가 있나요?

"이 발톱의 때만도 못한 놈 같으니라고."

어떤 인물이 변변치 못한 하찮은 사람이라고 폄훼할 때 쓰는 말입니다. 물론 저는 한 번도 써보지 않았어요. 몇 번 듣기는 했지만 말입니다. 좋습니다. 제가 뭐, 때만도 못한 놈일 수는 있지요. 그런데 왜 하필 발톱입니까? 발톱이 손톱만도 못하다고 생각한 것이겠죠. 하지만 손톱과 발톱이 얼마나 중요한지 모르고 하는 이야기입니다.

손톱과 발톱은 손끝과 발끝을 보호합니다. 손톱과 발톱이 없다고 생각해보세요. 20세만 되어도 아마 손끝, 발끝이 다 닳을 겁니다. 그리고 손가락과 발가락 끝은 굳은

살이 박여 뭉툭해질 거예요. 손으로 뭘 쥘 수도 없고 제대로 걸을 수도 없습니다. 왜냐하면 손톱과 발톱은 손과 발에 힘을 줄 수 있게 하거든요.

손톱이 없으면 컴퓨터 자판을 두드리거나 바느질을 하거나 연필을 쥐고 글을 쓰지 못합니다. 발톱이 없으면 발레도 등장하지 않았겠죠. 특히 손톱이 없으면 정말 괴로울 겁니다. 어디가 가려워도 긁을 수가 없잖아요. 저는 발가락으로 사람들 몰래 종아리 같은 데 긁거든요. 발톱 없으면 허리 굽혀서 손톱으로 긁어야 하잖아요. 손톱, 발톱이 없으면 네일숍 사장님도 할 일이 없겠네요.

뭐, 사람은 손톱과 발톱이 없어도 어떻게든 살 수는 있을 거예요. 하지만 다른 동물에겐 생명과도 같습니다. 발톱은 이빨보다 더 중요한 무기거든요. 발톱 빠진 호랑이, 발톱 빠진 부엉이가 뭐가 무섭겠어요. 손톱 빠진 나무늘보는 어디에서 살 수 있겠어요.

손톱과 발톱은 뼈가 아닙니다. 뼈는 몸속에 있고 어느 정도 자라다 말지만, 손발톱은 몸 바깥쪽에 있고 하염없이 자란다는 차이가 있지요. 어떻게 손발톱은 계속 자랄까요? 손발톱은 케라틴이라고 하는 단백질입니다. 손발톱 뿌리 밑에 케라틴을 끊임없이 생성해 몸 바깥으로 밀어내는 모체세포가 있기에 손발톱은 하염없이 자랍니다. 뼈는 세포로 이루어진 조직이에요. 그래서 뼈가 부러지면 아파요. 하지만 손톱과 발톱은 세포가 아니라 그냥 단백질 덩어리입니다. 그 안에 신경도 없으니 잘라내도 아프지 않습니다.

여러분은 손톱과 발톱 가운데 무엇이 더 빨리 자라나요? 전 손톱 두세 번 깎을 때 발톱은 겨우 한 번 깎는 것 같아요. 여러분도 마찬가지일 겁니다. 왜 손톱이 발톱보다 빨리 자라는 걸까요? 두 가지 이유가 있습니다. 양분 공급이 하나의 이유고 다른 하나는 자극입니다. 자극을 자주 받을수록 더 빨리 자랍니다. 발톱보다 손톱이 자극을 더 많이 받잖아요. 손을 훨씬 다양하게 많이 쓰니까요. 게다가 발톱은 양말과 신발로 인해 햇빛을 받지 못하고 혈액순환도 원활하지 않습니다. 손톱도 많이 쓰는 쪽 손톱이 빨리 자라는데, 같은 손이더라도 손가락마다 손톱 자라는 속도가 달라요. 가운뎃손가락이 가장 빨리 자라고 엄지손가락이 가장 늦게 자랍니다.

사람마다 입맛이 다른 이유는 뭔가요?

음, 어렵고도 쉬운 문제입니다. 입맛은 문화적 요인과 유전적 요인 모두 작용합니다. 일단 문화적 요인이 커요. 자라난 문화의 영향을 많이 받는 거죠. 어떤 음식이 맛있다 아니다, 짜다 아니다, 달다 아니다의 차이도 있습니다. 단맛, 짠맛, 신맛, 쓴맛 그리고 감칠맛이라고 하는 다섯 가지 맛은 혀에 있는 미각세포가 감지합니다. 사람은 맛봉오리 또는 미뢰라고 하는 미각세포가 8,000개나 있어요. 미각세포가 맛을 인식하고 신경을 통해 뇌에 신호를 보내면 뇌의 신경세포가 맛을 판단하는 것이죠.

그런데 같은 농도의 소금물이라고 해도 사람마다 짜게

느끼는 정도가 달라요. 연구에 따르면 체중이 많이 나갈수록 그러니까 비만의 정도가 심할수록 미각이 둔하다고 합니다. 비만이 되어서 미각이 둔해진 건지, 미각이 둔해서 비만이 됐는지 따져봤습니다. 결과는 비만 때문에 미각이 둔해진다고 합니다. 체중이 늘면 호르몬 상태와 맛 정보를 뇌에 전달하는 수용기 상태가 변하거든요.

나이도 영향을 줍니다. 태어날 때는 혀뿐만이 아니라 입안 전체에 맛봉오리가 분포합니다. 10세가 되면 남아돌던 맛봉오리가 줄어들고 생성과 소멸을 반복하죠. 45세가 넘으면 미각세포가 점점 줄어들기 시작해 75세가 되면 20세의 절반까지 줄어들어요.

또 냄새는 맛에 아주 중요한 역할을 합니다. 눈을 가리고 코를 막은 후 콜라와 사이다를 마시면 우리는 구분하지 못해요. 우리는 콜라와 사이다를 색깔과 냄새로 구분하는데 눈을 가리고 코를 막았으니 둘 다 똑같이 설탕물일 뿐이죠.

맛을 느끼는 데는 유전자의 영향도 아주 큽니다. '오싫모'라는 모임이 있습니다. '오이를 싫어하는 사람들의 모임'이죠. 2017년 인터넷 카페가 개설되자 일주일 만에 10

만 명의 회원이 모였습니다. 이분들은 김밥, 초밥, 냉면을 먹을 때마다 주변 사람 눈치를 봐야 했습니다. "아니, 다 큰 사람이 왜 오이를 안 먹어? 어른이 무슨 편식이야!"라는 핀잔을 들었던 거죠.

이분들이 오이를 싫어하는 데는 유전적인 이유가 있습니다. 오이에 쓴맛을 내는 물질이 있는데 보통 사람들은 이 맛을 못 느껴요. TAS2R3 유전자가 망가졌기 때문이지요. 그런데 가끔 이 유전자가 멀쩡한 분들이 계세요. 이분들은 그 쓴맛을 느낍니다. 또 보통 사람들은 오이의 상큼한 냄새를 좋아해요. 이 냄새의 정체는 2, 6-노나디엔올이라는 알코올 성분입니다. 그런데 오이를 싫어하는 사람들은 이 알코올 냄새가 불쾌하게 느껴집니다.

남들이 대부분 먹는 것을 먹지 않는 사람도 사회 소수자입니다. 소수자가 이 세상에서 온전하게 살아남는 방법은 한 가지입니다. 자신을 드러내고 뭉치는 것입니다. 그리고 사회는 그들을 이해하고 받아들여야 합니다.

자신의 심장 소리를 들을 수 없는 이유는 뭔가요?

아기의 심장 소리를 들어보셨습니까? 전 제 두 딸이 엄마 배 속에 있을 때 딸들의 심장 소리를 들어봤습니다. 의사 선생님이 기구를 사용해 들려주시더라고요. 놀라운 경험이었습니다. 아직 태어나지 않은 아이에 대한 사랑이 뿜뿜 솟아나지요.

왜 자신을 더 사랑해야겠다고 다짐할 때가 있잖아요. 이때 자신의 심장 소리를 들으면 왠지 사랑이 더 샘솟을 것 같은데, 정작 우리는 자신의 심장 소리를 듣지 못합니다. 혹시 귀에서 심장 소리가 들리시나요? 그렇다면 얼른 병원에 가셔야 합니다. 원래 귀에서는 제 몸의 소리가 들리지 않거든요. 그런데 귀에서 심장 소리가 들리는 경우가 있습니다. 혈관성 이명이라고 하죠. 심장박동이 귓속 혈관을 통해 들려옵니다. 쿵쾅쿵쾅 소리가 들리는 건 아니고요. 심장 맥박이 뛰는 것과 같은 박자 그대로 느껴지기 때문에 "심장박동처럼 들린다"라고 표현하죠.

바쁘게 움직이거나 다른 사람과 같이 있을 때 일어나는 현상은 아니고 사방이 고요한 공간에 혼자 있을 때나 자려고 누웠을 때 증상이 나타나요. 왜 그런지 잘 몰라요. 모르면 등장하는 단어가 있죠. 바로 스트레스입니다. 요즘 많이 사용하는 이어폰도 스트레스가 될 수 있습니다. 이어폰이 귀에 스트레스를 주면 그에 대한 보상으로 귀에 피를 더 많이 공급하거든요. "아니, 나는 이어폰도 사용하지 않는데 왜 그러지?" 하시는 분들도 계실 거예요. 더 심각합니다. 불안신경증으로 인해 몸의 자율신경이 제대로 작동하지 않는 경우죠. 인터넷 검색하지 마시고 병원에 가셔야 합니다.

그런데요, 우리 귀가 없던 소리를 갑자기 듣게 되는 건 아닙니다. 원래도 있던 소리인데 우리가 잘 느끼지 못하고 무시했던 것이죠. 어두컴컴한, 귀신 나올 듯한 골목을 걸을 때를 생각해보세요. 사방 어디에서, 심지어 발밑이나 머리 위에서 귀신이 튀어나올 것 같은 곳 말입니다. 이럴 때는 '사각사각' 나던 내 발소리가 '사사각사각'으로만 변해도 신경을 곤두세우고 주위를 경계하게 되잖아요. 이런 초긴장 상태에서는 자신의 심장박동 소리도 평소와는 달리 훨씬 생생하게 들리는 것 같지 않나요?

하지만 우리 몸은 심장 소리를 듣지 못하게 방음장치가 잘 되어 있습니다. 간혹 우리가 듣는다고 느끼는 그 소리는 심장 소리가 아닙니다. 귀에도 혈관이 있고 혈관 안에는 피가 흐릅니다. 심장이 리듬에 맞춰 뛰는 것처럼 혈액에도 리듬이 있어요. 평소에 안정된 상태에서는 다른 주변 환경에 신경 쓰느라 이 리듬이 느껴지지 않을 뿐이죠. 내 피의 흐름까지 신경을 쓰지 않는 겁니다. 심장은 평생 하루 24시간 동안 잠시도 쉬지 않고 뛰는데, 심장이 두근거리는 걸 느끼면 어떻게 되겠어요? 단 한 순간도 마음 편한 순간이 없겠지요.

나이 들면 왜 똥배가 나오나요?

독일에 살 때 근처에 역사학 교수님이 한 분 사셨어요. 교수님이 어떻게 된 게 주정뱅이예요. 볼 때마다 취해 있어요. 당연히 가까이하지 않았습니다. 그런데 어느 날 아이를 데리고 놀이터에 갔는데, 주정뱅이 교수님이 오시더니 대뜸 "배를 보니까 자네도 맥주 꽤나 마시겠는걸!" 하시더라고요. 독일에서는 우리가 말하는 똥배를 '맥주배'라고 부르거든요. 맥주를 많이 마시는 중년 남성들 배가 불룩하게 나와서 붙은 이름이겠죠.

저는 주정뱅이 교수와 말을 섞지 않겠다는 거절의 뜻으로 "한국에선 이걸 맥주배가 아니라 똥배라고 하오"라고 큰 소리로 대답했어요. 그랬더니 그분은 "와우! 내 배에는 맥주가 가득한데 자네 배에는 똥이 가득하군!"이라며 큰 소리로 외치더군요.

하지만 중년 남성들 배가 나오는 건 딱히 맥주를 많이 마시거나 똥이 가득 차서가 아닙니다. 호르몬입니다. 성장호르몬이 줄어들기 때문이죠. 성장호르몬은 청소년기에만 나오지 않아요. 다 큰 어른도 나와요. 주로 잠을 잘 때. 나이가 들면 점차 줄어들다가 60대가 되면 20대의 절반으로 줍니다.

성장호르몬은 성장을 돕는 호르몬입니다. 청소년기에는 성장호르몬이 바빠요. 뼈와 근육을 자라게 해야 하니까요. 키가 다 자란 다음에는 성장호르몬은 근육량을 유지시키는 역할을 합니다. 하지만 30세가 넘어가면 온몸 구석구석 전달될 만큼 성장호르몬이 충분하지 않아요. 주로 배에 머무릅니다. 그러니 어떻게 되겠어요? 배가 성장하겠죠. 배에서도 특히 내장 주변이 성장합니다. 그곳은 뼈도 없고 근육도 없어요. 지방이 차곡차곡 쌓입니다.

문제는 똥배가 아닙니다. 뭐, 똥배도 나름 매력적일 수 있습니다. 하지만 똥배의 원인인 지방은 고혈압, 당뇨, 협

심증과 같은 성인병의 원인이 됩니다. 30대 후반부터 똥배를 유지하는 저는 당연하게도 성인병을 골고루 갖추고 있죠.

솔직히 얘기해봅시다. 중년 남성만 배가 나오나요? 여성도 나옵니다. 뱃살에 영향을 주는 호르몬은 성장호르몬만이 아닙니다. 남성호르몬과 여성호르몬도 마찬가지죠. 남성호르몬은 40세 이후, 여성호르몬은 50세 이후 완경과 함께 급격하게 줍니다. 두 성호르몬의 감소는 뱃살 증가로 이어지죠. 남성호르몬이 줄면 근육은 감소하고 동시에 허리둘레에 체지방이 모입니다. 여성도 마찬가지입니다. 완경 후에는 지방세포가 허벅지와 엉덩이에서 배로 옮겨갑니다.

이 땅의 젊은이 여러분, 중년 남성과 여성의 배가 나오는 이유는 그들이 운동을 하지 않아서가 아닙니다. 여러분도 운동하지 않지만 배가 안 나오잖아요. 나이가 들어 호르몬이 바뀌기 때문입니다. 이건 동물도 마찬가지입니다. 단지 배 나온 동물은 먹이 활동이 어려워 생존하지 못할 뿐이죠. 사람이 왜 사람입니까? 배가 나와도 생존할 수 있습니다.

여러분도 곧 성장호르몬이 줄어들고 성호르몬이 줄어듭니다. 그리고 뱃살이 생깁니다. 하지만 여러분 걱정하지 마세요. 이 사회는 결코 여러분을 버리지 않습니다. 먼저 한발 앞서 배가 나온 중년의 남성과 여성에게 부디 예의를 지켜주시길 바랍니다.

저는 맥주배보다는 똥배라는 표현이 더 좋습니다. 똥, 방귀, 엉덩이라는 세 단어는 아이들과 말문 트는 최고의 말이거든요. 아무리 분위기가 어색하더라도 똥, 방귀, 엉덩이 말만 꺼내면 아이들은 까르르 웃고 제 말을 듣기 시작합니다. 똥배 만세!

장기이식이 가능하다면 뇌이식도 가능한가요?

이론적으로는 가능합니다. 하지만 너무 복잡해요. 차라리 머리를 통째로 바꾸는 일이 더 간단하죠. 머리이식이라고 합니다. 머리를 이식한다고 하면 좀 무섭죠. 그런데 필요한 경우가 있어요. 돌아가신 스티븐 호킹 박사님을 생각해보세요. 세계 최고 두뇌를 소유한 분인데 목 아래로는 몸을 쓰지 못했어요. 반대로 뇌사자들이 계시죠. 뇌가 죽은 상태이기에 사망 판정을 내릴 수 있지만, 이분들 몸은 아주 멀쩡해요. 만약에 스티븐 호킹 박사의 머리를 떼어내어 뇌사자의 몸에 붙이면 어떻게 될까요? 건강한 몸을 가지게 되겠죠. 머리를 이식한다고 하면 징그러울 수 있는데 몸을 이식한다고 하면 느낌이 다를 거예요. 우리는 이미 각막, 간, 안구, 심장 등 금방 죽은 사람들의 신체 부분을 많이 이식하고 있잖아요.

이성이 아닌 동성이 좋아지는 건 왜일까요?

축구와 야구를 좋아하는 사람은 많아요. 반면 스킨스쿠버나 암벽등반을 하는 사람은 적고요. 개와 고양이를 좋아하는 사람은 많아요. 하지만 뱀을 좋아하는 사람은 아주 적지요. 그냥 접할 기회가 달라서 생기는 일이에요. 스킨스쿠버나 암벽등반 그리고 뱀을 키우는 일은 금지된 일이 아니에요. 용기가 필요할 뿐이죠.

사랑에 무슨 이유가 있겠어요. 대부분 사람이 개나 고양이를 좋아하고 뱀을 좋아하는 사람이 아주 소수인 것처럼 이성을 좋아하는 사람은 아주 많고 동성을 좋아하는 사람은 아주 적을 뿐이죠. 개를 좋아하다가 고양이를 더 좋아하게 되기도 하는 것처럼 이성을 좋아하다가 동성을 좋아하게 되는 경우도 있고 그 반대도 얼마든지 가능합니다.

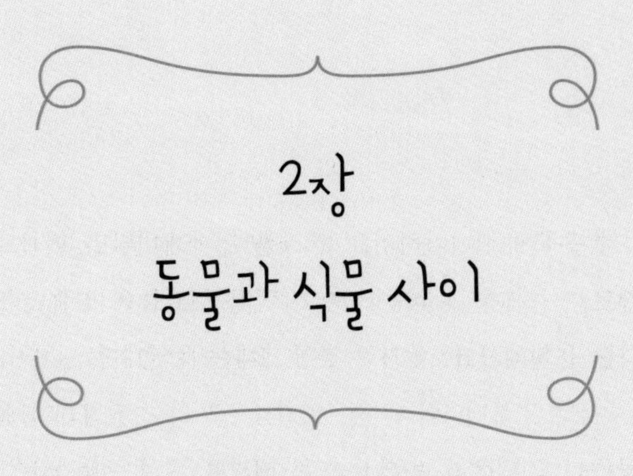

2장
동물과 식물 사이

곤충이 사람보다 더 커질 수 있나요?

메가마케팅, 메가바이트, 메가볼트, 메가비타민, 메가트랜드…… 메가mega라는 단어가 공통으로 들어 있습니다. 다들 눈치채셨죠? 메가는 엄청 크다는 뜻입니다.

지금으로부터 4억 년 전, '메가네우라'라는 잠자리가 살았습니다. 네우라는 신경 또는 배짱을 뜻하는 'nerve'에서 왔는데요. 아무튼 메가네우라는 거대한 잠자리라는 뜻입니다. 그렇다면 얼마나 클까요? 몸길이가 40센티미터입니다. 날개를 쫙 펴면 한쪽 끝에서 다른 끝까지 70센티미터쯤 됩니다. 잠자리치고는 크지만 그렇다고 아주 거대한 동물도 아닙니다. 곤충 크기의 한계는 딱 그 정도인 것 같아요.

왜 그런지는 산수로 알 수 있습니다. 가장 작은 곤충에 속하는 개미로 따져보죠. 개미는 작은 곤충이지만 힘이 아주 셉니다. 오죽하면 "개미가 절구통 물고 나간다"라는 속담이 있겠습니까. 실제로 개미는 자기보다 더 크고 무거운 물체를 운반합니다. 자기 몸의 40배 무게도 물어서 옮길 수 있어요.

그렇다면 사람은 어떤가요? 2008년 베이징올림픽 역도 75킬로그램 이상급에서 금메달을 획득한 장미란 선수는 용상에서 186킬로그램을 들었습니다. 자기 몸무게의 겨우 2배 반을 든 셈이죠. 이것이 인간 가운데 천하장사의 한계입니다.

만약 개미가 사람처럼 커지면 어떻게 될까요? 개미가 75킬로그램이 되면 자기 몸무게의 40배인 3톤짜리 물체를 번쩍번쩍 들어 올릴까요? 그렇다면 정말 무서운 세상이죠. 하지만 크게 걱정하지 않아도 됩니다.

'힘이 세다'란 말은 '근육의 힘이 크다'는 뜻입니다. 그런데 힘은 근육 굵기에 비례합니다. 모든 물체는 길이가 2배가 되면, 면적은 4배, 부피는 8배가 됩니다. 근육도 마찬가지죠. 근육 길이가 2배가 되면, 단면적은 4배, 부피는 8배가 됩니다.

그런데요, 힘은 근육 부피가 아니라 근육 단면적에만 비례합니다. 몸무게 0.01그램에 길이 1센티미터 개미는 0.4그램의 물체를 들 수 있습니다. 이 개미가 170센티미터로 커지면 개미의 힘은 170의 제곱만큼 그러니까 28,900배 커집니다. 28,900 곱하기 0.4그램은 겨우 12킬로그램입니다. 베이징올림픽 챔피언 장미란 선수는 무려 186킬로그램을 들었습니다. 역도 선수는 사람보다 커진 개미보다 힘이 16배는 더 큰 셈이죠. 역도 선수가 아니라도 마찬가지입니다. 제 아내는 아주 날씬한데도 20킬로그램짜리 쌀 포대를 번쩍번쩍 들어 옮기거든요.

곤충은 커지는 게 별로 득이 되지 않습니다. 게다가 곤충은 뼈도 없고 외골격 그러니까 껍질로만 지탱하고 있습니다. 또 허파도 없어 몸 전체로 산소가 전달되지도 않아요. 산소 농도가 아주 높았던 시절에만 메가네우라처럼 큰 잠자리가 있었을 뿐입니다. 커질 수도 없고 커져 봐야 소용도 없으니 곤충은 작을 수밖에 없는 겁니다.

거미는 무섭지만 맹수인 새끼 호랑이는 귀여워요, 이유가 뭐죠?

먼저 새끼 호랑이를 보고 귀엽다고 느끼는 이유부터 생각해보죠. 간단합니다. 새끼는 원래 귀엽기 때문입니다. 아기들도 귀엽잖아요. 그런데 솔직히 아기들 신체 비율이 미적이지는 않아요. 도리어 약간 괴상하죠. 상대적으로 큰 머리, 큰 눈, 통통한 뺨, 동그란 몸. 만약에 어른이 이런 비율이라면 "와, 잘생겼다!"라고 하지 않을 거예요.

그런데 왜 우리는 아기를 귀엽다고 생각할까요? 이유는 모르겠지만 아무튼 인류는 아기를 귀엽다고 생각한 덕분에 여태 생존하고 있는 겁니다. 만약에 아기가 귀엽다고 느껴지지 않았다면 어땠을까요? 원시인들이라면 남의 아기를 쉽게 잡아먹었을 거예요. 심지어 부모도 그랬을 수 있어요. 아기 키우는 게 여간 힘든 일이 아니잖아요. 게다가 귀엽지도 않아요. 잡아먹히기 십상이죠.

젖먹이 동물의 새끼도 사람 아기처럼 비율이 안 맞아요. 머리는 크고 몸은 짧고 눈은 크고 뺨은 통통하죠. 그러다 보니 모든 동물의 새끼를 귀엽게 느끼게 되었죠. 동물 인형을 보세요. 아기를 귀엽다고 생각하는 그 심리가 반영되어 있습니다.

이제 첫 번째 질문이 남았죠. 그 조그만 거미가 뭐라고 우리는 거미를 두려워할까요? 심지어 아크라노포비아라고 하는 거미공포증마저 있어요. 거미공포증이 있는 사람은 영화 「스파이더맨」도 보지 못해요. 거미가 한창 나오는 철에는 긴팔 긴바지를 입고 큰길로만 다니죠. 그렇다면 아크라노포비아 즉 거미공포증의 원인은 무엇일까요? 선천적인 걸까요, 아니면 살다 보니 거미에 대한 안 좋은 기억이 생긴 걸까요?

2015년 발표된 논문에 따르면 거미공포증은 선천적입니다. 사람들에게 각종 추상적인 그림을 보여주면서 반응을 관찰했더니 거미를 연상시키는 도형에 즉각적인 반응을 했습니다. 실제 거미나 거미 그림과 사진이 아니라 거미를 연상시키는 도형만으로도 반응을 일으킨 것이죠.

과학자들은 거미공포증은 인류 진화 과정에서 생존에 좋은 역할을 했으리라고 생각합니다. 구석기시대 사람들에게 작은 거미가 생존에 치명적인 해를 끼치는 경우가 많았을 거예요. 거미에 대한 경고와 공포가 생겨났고 이게 우리 유전자 가운데 하나가 된 것이죠. 그러니까 거미에 대한 공포는 인간 생존 본능의 결과입니다.

뱀에 대한 공포도 비슷하죠. 심한 사람은 기다란 호스만 봐도 겁내잖아요. 뱀에 대한 공포가 생존에 유리했을 겁니다. 그런데 알면 달라져요. 거미와 뱀을 좋아하는 사람도 많잖아요. 앞으로 점점 거미와 뱀에 대한 공포는 줄어들 겁니다. 시간은 걸리겠지만요.

물고기도 귀가 있나요?

네, 물고기에게도 귀가 있습니다. 물고기 귀를 보신 적이 없다고요? 물론 저도 본 적이 없습니다. 우리가 귀라고 하는 것은 뭔가요? 얼굴 양쪽에 툭 튀어나와 붙어 있는 것을 말하나요? 사실 그건 귓바퀴입니다. 귀는 소리를 듣는 기관을 말하죠. 귓바퀴는 소리를 모아주는 역할을 할 뿐이지 소리를 듣는 귀가 아닙니다.

사람의 귀는 외이, 중이, 내이 그러니까 바깥귀, 중간귀, 속귀로 나뉩니다. 귓바퀴와 귓구멍이 바깥귀입니다. 중간귀는 망치뼈, 모루뼈, 등자뼈가 있어서 소리의 진동을 22배 강화시켜주죠. 속귀는 달팽이관과 고막입니다. 달팽이관 안에는 액체가 채워져 있습니다. 고막의 진동이 달팽이관의 액체를 진동시키고, 이 진동이 달팽이관에 연결된 신경세포를 통해 뇌로 전달됩니다.

다시 질문으로 돌아와서 물고기는 귀가 있을까요, 없을까요? 해부학적으로 따져보지 않아도 우리는 물고기에게 귀가 있으리라고 짐작할 수 있습니다. 왜냐하면 소리를 내는 물고기들이 있잖아요. 1,000종이나 됩니다. 바닷속 생태계는 조용하지 않습니다.

물고기는 왜 소리를 낼까요? 육지 동물이 소리를 내는 이유와 비슷합니다. 짝짓기를 하거나 다른 녀석으로부터 자기 영역을 지키기 위해서죠. 또 서로의 안부를 묻거나 동료들이 길을 잃는 것을 막기 위해 소리를 냅니다.

소리를 내는 방법은 여러 가지예요. 부레를 진동시켜서 소리 내기도 하고, 턱을 갈면서 소리 내기도 하고, 이빨을 부딪혀서 소리 내기도 합니다. 수면으로 올라와 입으로 소리 내거나 입속 공기를 아가미구멍으로 뱉으면서 소리 내기도 합니다. 또 있어요. 들이마신 공기를 항문으로 배출하면서 소리 내기도 하죠. 바로 방귀 소리입니다.

자, 물고기가 일부러 소리를 낸다는 것은 무엇을 말할

까요? 소리를 들을 수 있다는 뜻이죠. 그렇다면 청각기관이 있겠네요. 가장 대표적인 청각기관은 귀입니다. 물고기에게도 귀가 있을 것 같지 않습니까? 맞습니다. 귀가 있습니다. 다만 귓바퀴와 귓구멍이 없을 뿐. 그러니까 바깥귀는 없지만 속귀는 있습니다.

물고기는 소리를 내는 방법이 다양한 만큼 소리를 듣는 방식도 다양합니다. 부레와 옆줄도 소리를 듣는 기관입니다. 옆줄은 원래 물의 움직임과 진동을 감지하는 감각기관입니다. 소리는 음파의 진동을 듣는 거잖아요. 바로 옆줄이 하는 기능이죠. 참, 물고기는 귓구멍은 없어도 콧구멍은 있습니다.

코끼리의 코는 어디에 쓰나요?

코끼리 코는 정말 놀라운 기관입니다. 단지 길기 때문만은 아닙니다. 일단 위치하는 자리가 우리와 달라요. 사람 코는 눈 아래 그리고 입술 위에 독립적으로 존재하잖아요. 그런데 코끼리 코는 그냥 코가 아니라 코와 윗입술이 합쳐진 것입니다. 그래서 코끼리 코를 영어로 'nose'라고 하지 않고 'trunk'라고 합니다. 코끼리 코의 가장 큰 특징은 뭐니 뭐니 해도 길다는 거죠. 코끼리는 근육이 많은 기다란 코로 뭘 할까요?

첫 번째는 손 역할을 합니다. 오죽하면 "코끼리 아저씨는 코가 손이래"라는 노래가 있겠어요. 코끼리 코를 발이 아니라 손이라고 한 이유는 자유자재로 움직여서입니다. 상하좌우로 움직이고 돌돌 말 수도 있어요. "과자를 주면은 코로 먹지요"라고 노래가 이어지잖아요.

이렇게 자유자재로 움직일 수 있는 까닭은 코에 뼈가 없고 근육으로만 되어 있는데 근육이 무려 4만 개나 되기 때문입니다. 근섬유는 15만 개나 있죠. 코끼리 코끝에는 물건을 잡기 쉽게 튀어나온 돌기가 있어요. 그래서 350킬로그램의 무게도 들어 올립니다. 또 물을 1초에 3리터 빨아들이고 코안에 물을 9리터나 보관할 수 있어요.

두 번째는 냄새를 맡는 겁니다. 코잖아요. 코의 제1사명은 뭐니 뭐니 해도 냄새를 맡는 거죠. 코가 길면 냄새도 잘 맡을까요? 글쎄요, 길어서 냄새를 잘 맡는지는 모르지만 냄새를 정말 잘 맡기는 합니다. 사람의 냄새 수용체는 350개 정도밖에 안 돼요. 하지만 한 가지 물질이 단 한 개의 수용체에만 결합하는 게 아니라 다양한 조합이 가능해서 우리가 맡을 수 있는 냄새는 2만 가지나 되죠. 그런데 코끼리의 냄새 수용체는 1,948개입니다. 사람보다 5배나 많아요. 심지어 개보다도 2배나 많지요.

원래 젖먹이 동물들이 지구에 처음 등장했을 때는 냄

새 수용체 수가 비슷했습니다. 진화 과정에서 사람은 점차 그 수가 줄었는데 코끼리는 반대로 더 늘어난 거죠. 코끼리는 왜 냄새 수용체가 이리도 많을까요? 환경이 그렇게 만들었습니다. 사람은 냄새에 대한 의존성이 점차 낮아진 반면 코끼리는 점차 증가했습니다. 냄새를 잘 맡아야 했거든요. 가뭄 때는 몇 킬로미터 떨어진 풀냄새도 맡아야 하고 심지어 10킬로미터 밖에 있는 물웅덩이 냄새도 맡아야 해요.

코끼리는 냄새만으로 케냐의 대표적인 두 부족 마사이족과 캄바족을 구분합니다. 설마 코끼리가 인간 부족을 구분하려고 냄새를 잘 맡겠습니까? 사람 냄새가 날 때 피할까 말까를 결정해야 하니까죠. 마사이족은 사냥을 하고 캄바족은 농사를 짓거든요. 코끼리는 짝짓기를 3년에 한 번 하는데, 이때 단 며칠 만에 짝을 찾아야 해요. 무리에서 떨어져 사는 수컷이 암컷을 재빨리 찾아서 짝짓기를 하려면 뛰어난 후각은 필수지요.

코끼리 코의 세 번째 역할은 소리를 내는 겁니다. 「타잔」 영화에서 타잔이 동물들을 부를 때 "아아아~" 하고 소리를 지르면 코끼리들도 "웽~" 하면서 나타나죠. 큰 소리를 냅니다. 목의 후두에서 소리를 내지만 코가 소리를 수정하고 보완할 수 있습니다. 코끼리 코는 소리를 내는 의사소통 기관 역할도 하는 겁니다.

코끼리 코의 네 번째 기능은 감정 표현입니다. 코를 다른 코끼리의 입에 넣어서 인사를 합니다. 사람의 포옹에 해당하죠. 너를 해치지 않을 거야, 나를 해치지 말라는 뜻입니다. 코로 상대 코끼리를 만지고 쓰다듬기도 하죠.

코끼리 코는 역할이 참 많죠? 코끼리는 코를 다치면 제대로 먹지도 못하고 마시지도 못하고 할 수 있는 일이 없어 곧 죽고 맙니다. 코끼리에게 코는 생명입니다. 참, 코끼리 아저씨는 과자를 주면은 코로 먹지만 코끼리 새끼는 코가 아니라 입으로 어미젖을 빨아 먹습니다.

게는 앞으로 걸을 수 없나요?

게는 앞으로 걷지 않고 옆으로 움직입니다. 무수히 많은 동물 가운데 옆으로 걷는 유일한 동물이 바로 게입니다. 도대체 게는 왜 옆으로 걸을까요? 옆으로 걷고 싶어서는 아닙니다. 그럴 수밖에 없는 구조라서입니다.

첫 번째, 게 다리는 몸 아래 수직 방향이 아니라 옆으로 나와 있습니다. 기본적으로 앞으로 걷기 힘들어요. 하지만 다리가 몸 옆으로 나와 있는 동물은 많아요. 도마뱀도 그렇잖아요. 그래도 앞으로 잘 걷는 모습으로 보아 이것만으로 설명할 수는 없습니다.

두 번째, 게 다리는 앞뒤로 너무 촘촘해요. 몸 앞뒤 방향으로 움직이려면 서로 다리가 부딪힐 수밖에 없죠. 하지만 이것만으로도 설명할 수는 없어요. 그렇다면 지네 같은 동물은 어떻게 앞으로 걷겠어요. 또 다른 이유가 필요합니다.

결정적인 이유는 세 번째입니다. 게 다리 마디는 몸 안쪽으로만 굽힐 수 있습니다. 몸 앞이나 뒤쪽으로는 굽힐 수가 없어요.

지금 이런 생각이 들지 않으셨나요? 사람도 마찬가지로 앞뒤로만 움직이는데 옆으로도 걸을 수 있다고 말입니다. 맞아요. 사람 무릎 관절은 앞뒤로만 움직이죠. 하지만 고관절, 그러니까 허벅지뼈와 골반이 만나는 곳은 옆으로도 돌 수 있습니다. 덕분에 어느 방향으로든 움직일 수 있지요. 그래서 축구도 하고 체조도 하고 요가도 할 수 있는 겁니다.

그런데 게가 가끔 앞으로 걷기도 합니다. 파도에 휩쓸리거나 소용돌이에 빠져서 빙빙 돌아가는 곳에 갇히면 그렇게 되죠. 살아 있는 꽃게를 구해 실험해보세요. 냄비에 꽃게를 넣고 빙글빙글 돌리다가 도마에 올려놔보세요. 잘하면 앞으로 걷는 꽃게를 목격하실 수 있습니다. 코끼리 코 열 바퀴 하고 나면 앞으로 못 가고 옆으로 휘청이는 것과 비슷한 것일까요? 음, 이건 뭡니까? 게가 옆으로 걷는 게 꼭 신체 구조 때문만은 아니란 거잖아요. 죄송합니다. 왜 게가 옆으로 걷는지 저도 모르겠어요. 신체 구조 때문만은 아닌 것 같아요.

다만 모든 게가 옆으로 걷는 것만은 아닙니다. 앞으로 걷는 게도 있어요. 밤게와 대게가 바로 그것이죠. 밤게는 남해와 서해에서 쉽게 볼 수 있습니다. 밤게는 집게다리를 비스듬히 들고 앞으로 걷습니다. 평상시에 앞으로 걸을 수 있는 게는 공통적인 특징이 있습니다. 옆으로만 걸을 수 있는 게보다 등딱지가 세로로 길고 다리도 길고 가느다랗습니다. 다리와 다리 사이에 빈틈이 커서 관절을 자유롭게 움직일 수 있죠. 하지만 대부분 게가 옆으로만 걷는 이유가 단지 신체 구조 때문만은 아닌 것처럼 밤게나 대게가 앞으로 걷는 것도 꼭 신체 구조 때문만이라고 말할 수는 없겠네요. 음, 게와 말이 통하면 얼마나 좋을까요?

소나무는 어째서 겨울에도 푸른가요?

우리가 아이스크림 가게를 열었다고 해봅시다. 여름에는 장사가 잘되어서 괜찮았습니다. 그런데 겨울이 되니까 아이스크림이 전혀 안 팔리는 거예요. 어떻게 해야 할까요? 눈물을 머금고 일단 휴업 신고를 할 수밖에 없을 겁니다. 내년 여름을 기약하면서 말입니다.

나무도 그렇습니다. 나무가 이파리를 잔뜩 달았어요. 여름에는 햇빛이 쨍하고 오랫동안 쬡니다. 물도 많아요. 이산화탄소는 여느 때와 같이 풍성하고요. 그렇습니다. 광합성이 잘됩니다. 광합성에 필요한 건 세 가지 즉 빛, 이산화탄소, 물이거든요. 이산화탄소 농도야 계절별 차이가 거의 없지만 여름에는 빛도 세고 물도 많으니까 광합성이 잘 일어나요. 이파리는 이산화탄소를 흡수하고 빛도 쬡니다. 물은 따로 공급받아야 해요. 뿌리로부터 뽑아 올리는 거죠.

그런데요, 뿌리로부터 물을 계속 나무 위쪽에 있는 이파리까지 뽑어 올리기 위해서는 물을 계속 나무 바깥으로 날려 보내야 해요. 이파리에 공급된 물 가운데 실제로 광합성에 쓰이는 물보다 공기 중으로 날려 보내는 물이 훨씬 많을 정도입니다. 그래도 괜찮아요. 광합성이라는 매출이 쏠쏠하니까요. 이파리가 물을 날려 보내는 과정을 증산작용이라고 합니다.

자, 이제 겨울이 되었습니다. 빛은 하루에 몇 시간 쪼이지도 않는 데다가 약하고 온도는 낮아졌습니다. 물도 별로 빨려 올라오지 않아요. 광합성이라는 매출이 나오지 않습니다. 나무에게는 단지 광합성만을 위해 물이 필요한 건 아닙니다. 나무를 이루고 있는 각 세포가 온전하게 살기 위해서도 필요하죠. 건조한 공기는 이파리로부터 물을 빼앗아 갑니다. 나무의 줄기세포들이 사용할 물이 점점 부족해져요. 이러다가는 나무가 바짝 말라 죽을 지경입니다.

어떻게 해야 할까요? 나무는 광합성이라는 장사를 잠시 접기로 합니다. 가게를 닫는 거죠. 그 가게가 바로 이파리입니다. 늦가을이 되면 나무는 이파리를 바짝 말려서 떨궈버립니다. 더 이상의 증산작용을 막고 줄기를 지킬 궁리를 하는 거죠.

이런 노래가 있습니다. "소나무야, 소나무야, 언제나 푸른 네 빛." 원래 독일 노래에서는 소나무가 아니라 전나무였습니다. 소나무나 전나무나 생긴 게 비슷하죠. 이파리가 침처럼 생겼잖아요. 이파리가 넓은 나무는 활엽수, 이파리가 침처럼 생긴 나무는 침엽수라고 합니다.

침엽수의 바늘 모양 잎은 표면적이 적어 증산작용이 덜 일어납니다. 즉 수분을 적게 소모하죠. 또 안에는 당분으로 만들어진 부동액이 들어 있어요. 얼어도 부피가 커져서 세포를 부수는 일이 일어나지 않지요. 그렇다고 해서 소나무의 잎이 영원한 것은 아닙니다. 겨울이 지나고 다음 해 5월이 되면 떨어집니다. 단지 한 번에 다 떨어지지 않고 한쪽에서는 떨어지면서 다른 쪽에서는 새로운 잎이 돋기 때문에 항상 푸르게 보일 뿐이죠.

가을에 단풍이 드는 이유는 뭘까요?

나무에 단풍이 드는 이유는 뭘까요? 사람들에게 기쁨을 주고 단풍객으로 고속도로를 꽉 막히게 하려고 단풍이 들까요? 그럴 리가 있나요. 자연은 쓸데없는 일을 하지 않습니다.

식물은 주로 초록색으로 보이죠. 엽록소가 있기 때문입니다. 엽록소의 역할은 빛을 흡수하는 것이죠. 엽록소가 흡수한 빛을 이용해 엽록체가 광합성을 합니다. 해가 짧아지고 기온이 떨어지면 식물 세포는 "아, 이제 광합성은 어렵겠구나. 겨울날 준비를 하자. 엽록소, 그동안 수고했어. 하지만 그만 사라져줘야겠어" 하면서 엽록소를 파괴합니다. 이 역할은 단백질 효소가 담당하고요. 자연이 그래요. 별로 정이 없어요. 아무리 수고했어도, 공이 있어도 소용이 없으면 사라지는 게 맞습니다.

엽록소가 사라지면 이파리에는 갑자기 노랗고 빨간 단풍이 듭니다. 노란빛은 크산토필, 빨간빛은 카로틴이라는 색소가 담당합니다. 크산토필과 카로틴은 많은 식물에 들어 있어요. 노란 피망에는 크산토필이 많고, 당근에는 카로틴이 많죠. 단풍이 들 때, 없던 색소가 광합성을 위해 새로 생기는 게 아닙니다. 원래 처음부터 있었어요. 엽록소와 함께. 그런데 엽록소가 워낙 많다 보니 다른 색깔은 가려서 보이지 않았을 뿐입니다.

사실 크산토필과 카로틴이 이파리에 존재하는 진짜 이유는 따로 있어요. 크산토필과 카로틴은 엽록소가 흡수하지 못하는 약한 빛을 흡수합니다. 그 빛을 엽록체에 전달해 광합성을 하게 합니다. 단풍이 들었을 때도 식물이 조금이라도 광합성을 할 수 있는 이유죠. 이파리를 떨구는 순간까지도 최선을 다하는 셈입니다.

공룡 이름은 왜 다 이상하죠?

보통 아이들은 5세에서 9세 사이에 공룡에 빠지죠. 그러다가 슬금슬금 공룡의 세계에서 벗어납니다. 아이들이 공룡을 좋아하는 이유는 뭘까요? 세 가지 중요한 이유가 있습니다.

첫째, 크다는 점입니다. 우리는 누구나 다 큰 걸 좋아해요. 집과 차는 물론이고 자기 짝도 주로 큰 사람을 찾지요. 심지어 좋아하는 동물도 그래요. 코끼리, 기린, 코뿔소, 하마, 사자, 호랑이 같은 동물이 인기예요. 그러니 공룡을 좋아할 수밖에요.

둘째, 지금 없다는 점입니다. 우리는 사라진 것들에 대한 향수가 있어요. 보통 사람들은 관심이 없는데 자기만 그에 대한 지식이 있으면 근사해 보이잖아요.

셋째, 괴상하게 생겼다는 점입니다. 지금 살고 있는 생명체와는 전혀 다르게 생겼죠. 게다가 이름도 신기하고 괴상해요. 남들은 제대로 읽지도 못하는 이름을 빠른 속도로 입에서 뱉어내는 쾌감이 이만저만이 아닙니다. 신기하게도 아이들은 9세가 되는 순간 공룡으로부터 점점 멀어지다가 13세가 되면 공룡과 헤어집니다.

여기에도 이유가 있더라고요. 우선 자기들이 공룡을 좋아하는 이유가 모두 오해였기 때문입니다. 공룡을 좋아하는 첫째 이유가 공룡이 커다랗다는 점인데, 실제로는 그렇지 않습니다. 지금까지 발견된 1,000종의 공룡 가운데 500종은 키가 우리 무릎에도 못 미쳤습니다. 또 공룡보다 더 큰 포유류도 상당히 많습니다.

공룡을 좋아하는 둘째 이유, 지금은 사라졌다는 점 또한 사실과 크게 다릅니다. 공룡은 멸종하지 않았거든요. 지금도 1만 400종의 공룡이 우리와 함께 살고 있죠. 바로 새입니다. 공룡에는 부리가 있고 이빨이 없는 조류형 공룡과 턱과 이빨이 있는 비조류형 공룡이 있었는데 비조류형 공룡은 모두 멸종했습니다. 조류형 공룡 가운데도 큰 것은 멸종했지만 작은 것은 살아남았죠. 닭도 공룡이니 우리는 늘 공룡을 먹고 있는 셈입니다.

공룡을 좋아하는 세 번째 이유는 괴상하게 생기고 이름도 괴상하다는 거였잖아요. 마찬가지로 이것도 오해입니다. 공룡은 괴상하게 생기지 않았어요. 과학이 발전하면서 공룡의 복원도는 점차 새와 같은 모습으로 변하고 있어요. 실망스러울 정도죠.

이름도 마찬가지입니다. 티라노사우루스, 브라키오사우루스, 스테고사우루스, 트리케라톱스 같은 이름을 보면 아주 신기하고 별나잖아요. 그런데요, 다른 것도 그래요. 제가 네 가지 생물의 이름을 불러볼게요. 오리자사티바, 몰라몰라, 판테라티그리스, 아피스멜리페라. 뭔가 특이해 보이죠. 각각 벼, 개복치, 호랑이, 꿀벌입니다. 과학자들이 사용하는 학명이죠. 공룡 이름이 특이하게 보이는 까닭은 인간과 함께 살지 않기에 보통 사람이 부르는 일반명이 없고 과학자들이 부르는 학명이 통용되기 때문입니다. 별 이유 없습니다.

초록색 포유류는 없나요?

공룡 인형이나 그림을 보면 다양한 색깔로 칠해져 있습니다. 혹시 이런 생각해보지 않으셨어요? “아니 공룡은 뼈밖에 안 남아 있는데 어떻게 알고 이렇게 멋지게 그린 거지? 맘대로 색깔을 칠한 거야?” 하고 말입니다.

지금 살고 있지 않는 동물 복원도를 그리는 예술가들이 있습니다. 팔레오아티스트라고 하지요. 고생물학이 영어로 팔레온톨로지거든요. 팔레온톨로지의 ‘팔레오’에 예술가를 뜻하는 ‘아티스트’를 붙였지요. 물론 팔레오아티스트들은 자기 마음대로 그립니다. 티라노사우루스를 어떤 사람은 갈색으로, 어떤 사람은 초록색이나 파란색으로 그리죠. 팔레오아티스트들은 왜 그렇게 그렸는지 설명합니다. 전문가니까요. 팔레오아티스트들은 과학자들이 제공하는 당시 생태와 해당 동물의 습성을 현대에 살고 있는 동물에 비추어 표현합니다.

파충류 가운데는 갈색도 있고 초록색이나 빨간색 심지어 파란색도 있잖아요. 도마뱀이나 이구아나, 거북, 비단뱀을 보세요. 또 새는 공룡이거든요. 초록색 새도 많아요. 그렇다면 공룡도 그런 색깔일 수 있겠지요. 팔레오아티스트들이 그린 그림에 저는 고개를 끄덕이게 됩니다.

자, 그럼 질문으로 돌아가 볼까요. 초록색 파충류는 많습니다. 청개구리를 보니 초록색 양서류도 많네요. 육상 척추동물 가운데 양서류, 파충류, 조류 모두 초록색이 있는데 정말로 초록색 포유류는 안 보이네요. 아! 하나 있습니다. 나무늘보입니다. 그런데 나무늘보 털은 회색인데, 얘네들이 하도 느릿느릿 움직이다 보니 가끔가다가 털에 이끼가 낀 놈들이 있어요. 그래서 초록색으로 보일 뿐!

육상 척추동물뿐만 아니라 어류와 곤충까지도 초록색이 많은데 왜 포유류에는 하나도 없을까요? 초록색이 생존에 불리했을까요? 아니면 필요가 없었을까요? 혹시 대부분의 포유류가 초록색을 보지 못하는 걸까요? 자신이 못 보는 색깔은 가질 필요가 없으니까요.

그렇습니다. 척추동물에게는 색을 감지하는 세포가 네 가지 있어요. 자주색, 파란색, 초록색, 빨간색. 그런데 포유류에게는 청색과 녹색을 감지하는 세포가 없어요. 처음부터 없었을까요? 그럴 리가요. 포유류가 하늘에서 뚝 떨어진 동물이 아니거든요. 진화 과정에서 갈라졌을 뿐이니 그 초록색 유전자가 어딘가엔 분명히 있을 거예요.

저만 이런 생각한 게 아니더라고요. 2019년 도쿄대학 연구팀은 열대어 제브라피시에서 청색과 녹색 센서를 켜는 유전자 2개를 발견했습니다. 이 유전자를 끄면 청색과 녹색을 감지하지 못해요. 포유류는 진화하는 과정에서 어느 순간 이 유전자가 꺼졌기에 청색과 녹색을 감지하지 못하게 되었죠. 자기가 보지 못하는 색을 몸에 가지면 안 되잖아요. 짝이 자기를 못 찾을 테니까요.

그럼 사람은? 사람도 포유류잖아? 하는 생각이 드시죠? 사람은 진화 과정에서 나중에 별도로 녹색 감지 세포를 획득한 것입니다. 운이 좋았죠.

밤에만 피는 꽃도 있나요?

꽃은 왜 낮에만 피어 있고 밤에는 꼭 다물고 있을까요? 자신이 꽃이라고 생각해보세요. 캄캄한 밤중에 활짝 피어 있는 게 무슨 소용이 있을까요?

꽃이 자신을 봐주었으면 하는 존재는 곤충입니다. 특히 벌과 나비죠. "이봐, 여길 봐. 여기 꽃가루와 꿀이 잔뜩 있어. 마음껏 가져가라고!" 물론 꿍꿍이는 따로 있습니다. 나비와 벌이 꿀에 정신 팔려 날아다니면서 자연스럽게 꽃가루가 암술에 묻어서 수분하게 하고 싶은 것이죠. 벌과 나비는 밤에 안 다니잖아요. 그러니 꽃이 밤에 봉오리를 닫는 것은 당연한 것 같아요. 같은 이유로 아주 흐리거나 비가 오는 날도 많은 꽃이 봉오리를 닫고 있죠.

그런데 꽃봉오리를 저녁에 닫았다가 아침에 다시 열려면 힘이 들지 않을까요? 꽃봉오리를 밤새 열고 있다고 뭐 손해 볼 것은 없잖아요? 왜 굳이 힘들게 닫죠?

갈릴레오 갈릴레이가 한 말이 있어요. "자연은 쓸데없는 일을 하지 않는다!" 자연에 뭔가 힘들여서 어떤 일이 일어난다면, 거기에는 반드시 이유가 있는 거예요. 믿기 어렵겠지만 꽃에도 운동 세포가 있어요. 동물은 운동을 하려면 근육도 움직여야 해서 에너지가 많이 들잖아요. 그런데 꽃의 운동 세포는 아주 간단하게 움직여요.

식물 세포에는 액포라는 물주머니가 있습니다. 액포의 염도 농도에 따라서 운동 세포가 부풀거나 움츠러드는데, 이때 꽃봉오리가 열리기도 하고 닫히기도 합니다. 그러니까 꽃봉오리를 열고 닫는 데 별로 에너지가 들지 않아요. 그냥 자동이에요. 그러니 밤에도 일부러 열어 놓고 있으면서 꽃가루가 이슬에 씻겨 나가게 할 필요는 없죠.

꽃이 자라는 속도도 역할을 합니다. 낮에 따뜻할 때는 꽃은 안쪽 면이 잘 자라면서 꽃잎이 벌어져서 꽃이 핍니다. 반대로 밤에는 꽃의 바깥 면이 잘 자라면서 꽃잎이 움츠러듭니다.

그런데 희한하게 밤에만 피는 꽃도 있습니다. 파푸아뉴기니의 뉴브리튼섬에는 불보필룸 노투르눔이라는 꽃이 있어요. 어차피 다른 나라에는 없는 꽃이니까 평범하게 부를 수 있는 이름은 없고 그냥 학명이에요. 네덜란드 과학자들이 이 식물을 자기 나라에 가져가서 키웠는데, 꽃이 핀 모습을 한 번도 보지 못했어요. 알고 봤더니 과학자들이 모두 퇴근한 다음인 밤 10시에 봉오리가 활짝 열렸다가 새벽에는 떨어져버린 거죠.

그렇다면 이 식물은 왜 밤에 피는 걸까요? 비밀은 금방 밝혀졌어요. 자기 꽃을 봐줬으면 하고 바라는 대상이 모기붙이였던 것입니다. 모기붙이는 흔히 깔따구라고도 부르는 곤충으로 밤에 활동해요. 모기처럼 생겼지만 모기와 달리 동물 피를 빨아 먹지 않아요. 그래서 밤에 날아다니면서 불보필룸 노투르눔을 수분시키죠. 불보필룸 노투르눔이 밤에 피는 이유입니다. 역시 자연은 절대로 쓸데없는 일을 하지 않아요.

병아리는 알 속에서 숨을 쉴까요?

'숨 막히는 삶'이란 표현을 써보셨나요? 직접 써보지는 않았더라도 많이 들어보긴 했을 겁니다. 저도 그래요. 실제로 그런 느낌이 들 때가 있지만 과학자의 탈을 쓰고서 차마 쓰지 못할 뿐이죠. 왜냐하면 우리는 하루에 2만 번이나 숨을 쉬거든요. 4초에 한 번꼴입니다. 80세까지 산다면 6억 3천만 번은 숨을 쉰 다음에야 숨을 거둘 수 있는 겁니다.

물속에 사는 생물은 대개 아가미로 숨을 쉽니다. 육지에 사는 생물은 곤충 같으면 기관으로, 척추동물은 허파로 숨을 쉬고요. 그렇다면 아직 태어나지 않은 동물은 어떻게 숨을 쉴까요? 우리 같은 젖먹이 동물의 태아들은 엄마 배 속에서 태반과 연결된 탯줄을 통해 산소를 공급받고 이산화탄소를 배출하면 되니까 별문제가 없습니다.

그런데 알 속에서 자라나는 생명이 걱정입니다. 어미와 연결된 탯줄이 없는데 어떻게 숨을 쉬죠? 설마 알 속에서는 숨을 안 쉬어도 되는 걸까요? 그럴 리 없잖아요. 알 속에서도 성장해야 하고, 성장하려면 에너지가 필요하고, 에너지가 생기려면 산소로 양분을 태워야 하니까요.

자, 그럼 병아리는 알 속에서 숨을 쉴까요? 즉 달걀도 숨을 쉴까요? 모든 알을 걱정하는 건 아니에요. 물고기알이나 개구리알처럼 말랑말랑한 껍질 안에 있는 것은 왠지 말랑말랑한 껍질을 통해 산소가 공급될 것 같으니까요. 반면 달걀처럼 껍데기가 단단한 새의 알 속으로는 공기가 들어가지 못할 것 같거든요.

하지만 걱정하지 않아도 됩니다. 우리 눈에는 보이지 않지만 달걀 껍데기에도 엄청나게 많은 구멍이 있거든요. 달걀 껍데기에는 약 7,000개의 구멍이 있습니다. 이 구멍을 통해 달걀은 숨을 쉬고 자라서 병아리가 됩니다. 더 놀라운 건 결코 병아리로 성장할 수 없는 무정란도 숨을 쉰다는 사실! 무정란도 살아 있는 생명이거든요. 하나의 커다란 세포입니다. 아마 타조알이 지금 지구에 있는 가장 크고 무거운 세포일 거예요.

껍데기 구멍으로 숨을 쉰다고 하면 "아, 알껍데기 구멍으로 작은 공기 분자는 들어가고 커다란 물 분자는 못 들어가겠구나"라고 생각할 수 있는데요. 착각입니다. 물 분자보다 산소 분자가 훨씬 커요.

달걀을 보면 한쪽이 뾰족하고 다른 쪽이 좀 뭉툭하잖아요. 흔한 예측과는 달리 뭉툭한 쪽이 몸에서 먼저 나오는 쪽입니다. 이 뭉툭한 쪽에 더 많은 숨구멍이 있습니다. 그렇다면 달걀을 오래 보관하기 위해서는 뭉툭한 쪽이 위에 오게 하는 게 낫겠지요? 물론 우리가 달걀을 몇 달씩 보관하고 먹지는 않으니, 그냥 아무렇게나 두셔도 됩니다.

먼 길을 날아가는 철새는 잠을 어떻게 자나요?

저는 옷 사는 데 드는 돈과 잠으로 보내는 시간이 세상에서 가장 아깝습니다. 그런데 옷이야 자연적인 게 아니니까 그렇다 치더라도 동물 세계에 잠이 존재한다는 것은 분명 의미가 있지 않을까요? 과학자들이 받아들이는 가장 흔한 격언 가운데 하나가 바로 "자연은 쓸데없는 일을 하지 않는다"임을 생각하면 말입니다.

모든 동물은 잠을 잡니다. 짝짓기 시간을 확보하느라 아예 먹는 입도 포기한 수컷 하루살이조차 잠을 잡니다. 지렁이처럼 뇌가 없는 동물도 잠을 잡니다. 이것은 지구에 생명이 탄생한 직후에 잠이 진화했다는 뜻입니다. 잠을 자지 않는 동물은 단 하나도 없습니다.

동물의 수면 시간은 제각각입니다. 갈색박쥐는 매일 열아홉 시간을 잡니다. 주머니쥐는 열여덟 시간을 자고 호랑이와 사자는 열다섯 시간을 잡니다. 사람은 보통 여덟 시간을 자고 코끼리는 단 네 시간만 잡니다. 대체로 짧은 시간 동안에 필요한 영양분을 섭취하는 육식동물은 오래 자고, 반대로 긴 시간이 필요한 동물은 잠을 조금만 잡니다. 대개 영양분도 적은 데다가 소화도 잘 되지 않는 풀을 먹는 동물들이죠. 게다가 이들은 깨어 있어야 포식자의 공격에서 자신을 보호할 수 있습니다.

혹시 동물은 깨어나서 다양한 활동을 하다가 휴식을 위해 잠시 잠이 드는 게 아니라, 원래 기본 생명 행태는 잠을 자는 것이고 양분 섭취와 짝짓기 그리고 경계를 위해 잠깐 깨어나는 건 아닐까요? 잠이야말로 동물의 기본 존재 양식 아니냐는 말입니다.

여하튼 새도 당연히 잠을 자겠지요. 날다가 졸리면 내려와 잠을 자면 됩니다. 장거리를 이동하는 철새도 마찬가지입니다. 시베리아에서 우리나라 갯벌로 날아오는 철새도 졸리면 내려와 자면 될 겁니다.

그런데 궁금합니다. 바다를 건너거나 히말라야산맥을 넘어야 하는 철새들은 어떻게 할까요? 바다에 내려서 자다가는 파도에 휩쓸릴 테고 히말라야산맥 꼭대기에서 잠시 쉬다 보면 눈 속에 몸이 파묻힐 텐데요. 먼 길 떠나는 철새도 분명히 잘 텐데, 그렇다면 날면서 잔다는 이야기 아니겠습니까? 왜 떨어지지 않을까요?

군함새 아시죠? 턱 밑에 근사한 붉은색 주머니를 달고 있는 새 말입니다. 군함새는 쉬지 않고 10일 동안 3,000킬로미터를 날아갑니다. 그 틈틈이 잠을 자는데, 짧게 잡니다. 15초 정도. 15초가 쌓이고 쌓여 24시간 동안 42분쯤 잡니다. 우리가 15초 동안 졸음운전을 한다고 생각해 보세요. 끔찍한 사고가 나겠지요?

하지만 군함새는 그렇지 않습니다. 한쪽 뇌만 잠을 자고 다른 쪽 뇌는 깨어 주변 환경을 살피기 때문입니다. 양쪽 뇌가 교대로 수면을 취하는 방식은 아주 별난 게 아닙니다. 고래도 그렇습니다. 고래는 아가미가 없는 탓에 시시때때로 떠올라 숨을 쉬어야 합니다. 근데 고래도 잠을 자야 하잖아요. 만약 바닷속에서 푹 잠들었다가 숨을 쉬지 못해 익사하면 어쩌죠? 고래가 잠자다가 물에 빠져

죽었다는 이야기, 들어보셨나요? 없을 거예요! 고래 역시 양쪽 뇌가 교대로 자기 때문입니다.

참, 군함새는 일단 목적지에 도착하면 열두 시간 동안 꼼짝 않고 잠만 잡니다. 동물에게 잠은 소중하니까요.

벌새는 한자리에서 비행 상태로 머물 수 있나요?

가끔 우리나라에서 벌새를 봤다는 분들이 계십니다. 착각입니다. 벌새는 320종이 있는데요, 아메리카 대륙에만 삽니다. 알래스카에 사는 종도 있지만 대부분은 열대 지방에 삽니다. 벌새라는 이름이 붙은 까닭은 몸이 작기 때문입니다. 뭐, 그렇다고 해서 벌처럼 작지는 않습니다. 작은 것은 몸길이가 5센티미터, 몸무게는 2그램 정도이지만 큰 것은 몸길이가 20센티미터도 넘고 몸무게는 24그램 정도 나가니까요. 2그램이면 티스푼으로 설탕 두 스푼 정도고요. 24그램이면 막대형 커피믹스 두 봉지 정도 됩니다. 그러니까 벌새가 아주 작고 가벼운 새인 것은 분명

합니다.

그런데 벌새라고 불리는 까닭이 단지 작기 때문만은 아닙니다. 뭐, 파리새라고 해도 되잖아요. 파리새가 아니라 벌새인 까닭은 벌처럼 공중에 정지해서 꿀을 빨아 먹기 때문이죠. 벌새는 혀가 깁니다. 긴 혀로 꽃 속에서 꿀을 빨아 먹기도 하고 곤충과 거미도 끌어내서 먹죠. 대신 꽃가루를 옮겨주는 역할을 합니다. 벌처럼요.

새는 좁고 깊은 틈에 빠지면 빠져나오지 못합니다. 왜냐하면 새는 헬리콥터처럼 위로 떠오를 수 없기 때문입니다. 새는 일단 앞으로 날아가야 해요. 앞으로 튀어 나가고 그 후에 날개를 위로 띄우는 공기의 양력을 받아서 날아가죠. 좁은 틈에는 앞으로 날아갈 공간이 없잖아요. 공간만 넓다면 새들은 날갯짓을 하지 않고도 한참 날 수 있습니다.

안데스콘도르는 세상에서 가장 큰 새 가운데 하나죠. 날개폭이 3.2미터에 달할 정도입니다. 그리고 큰 날갯짓 없이 비행을 합니다. 안데스콘도르에 비행 추적 장치를 달아서 조사해봤습니다. 전체 비행시간의 1.3퍼센트만 날갯짓을 하는 것으로 밝혀졌죠. 1.3퍼센트도 주로 땅에서 날아오를 때 한 거예요. 날아오른 후에는 날갯짓을 하지 않고도 다섯 시간 동안 172킬로미터를 비행했습니다. 힘들여서 날갯짓하는 대신 바람을 적극적으로 활용한 거죠. 아주 효율적인 비행입니다.

이에 반해 벌새는 정말 딱할 정도로 날갯짓을 합니다. 큰 벌새는 1초에 15회, 작은 벌새는 초당 80회의 날갯짓을 하죠. 하도 날갯짓을 많이 해서 날개에서 윙 소리가 납니다. 마치 벌에서 윙 소리가 나고 파리가 날 때 윙 소리가 나는 것처럼 말입니다. 벌새가 영어로 humming bird예요. 'humming'은 윙윙거린다, 콧노래 부른다는 뜻이잖아요.

날갯짓을 이렇게 많이 하려면 근육이 어때야 할까요? 체중당 날개 근육 비율이 벌새가 모든 척추동물 가운데 가장 높습니다. 그러니까 체중당 힘이 가장 센 척추동물이라는 말이에요. 날개 힘이 세다 보니 다른 새들은 상상도 못 할 능력이 생겼습니다. 앞으로, 뒤로, 수직으로 날 수 있고 공중에서 정지 비행 그러니까 헬리콥터의 호버링도 가능합니다. 전투기도 못 하는 일을 하는 거죠.

벌새는 이렇게 큰 힘으로 큰 일을 하려니 에너지가 얼

마나 많이 필요하겠어요? 그래서 엄청나게 먹습니다. 매일 자기 몸무게의 3분의 2를 먹어야 합니다. 60킬로그램인 사람이라면 매일 40킬로그램을 먹는 거예요. 그것도 꿀로만 말입니다.

우리나라에는 벌새가 없습니다. 가끔 벌새처럼 보이는 게 있는데, 그건 벌새가 아니라 박각시나방입니다. 대신 우리나라에는 「벌새」라는 뛰어난 영화가 있습니다. 강력히 추천합니다.

눈도 못 뜬 강아지가
어떻게 엄마 젖을 찾아 무는 걸까요?

강아지만 그런 게 아닙니다. 사람 아기도 그래요. 눈도 못 뜬 아기가 엄마 젖을 물어요. 아기가 엄마 맨몸에 닿는 순간 옥시토신이라는 호르몬이 분비됩니다. 평온함을 느끼게 하는 호르몬이죠. 아기는 엄마에게 안기면 편하니까 안기는 겁니다. 조금 후 꼬물꼬물 움직이다가 젖을 찾아 물고 빨지요. 엄마가 아니라 아빠에게 안겨도 같은 행동을 합니다. 강아지도 마찬가지입니다. 누가 가르쳐줘서가 아니라 어미에게 다가가 안기면 평온함을 느끼고 그때 마침 거기에 젖이 있고, 젖을 무니 젖이 나오는 것이죠. 다 큰 어른들도 서로 안아주면 좋잖아요.

펭귄은 발이 얼지 않나요?

남극은 최대 영하 75도까지 내려가는 곳입니다. 펭귄이 사는 곳도 영하 40도 가까이 내려가죠. 이런 곳에서 난방장치는커녕 옷도 없이 맨몸으로 삽니다. 그러니 털이 얼마나 대단한 겁니까! 털만으로 체온을 지키니까요. 한겨울에 바다에 들어가서 수영하는 북극곰수영대회가 열리잖아요. 그때 선수들은 바닷물에서 나오자마자 물을 닦아냅니다. 몸에 묻은 물이 얼까 봐 그런 거죠.

그런데 궁금해요. 펭귄은 물에 들어가서 먹이 활동을 하잖아요. 육지로 올라오면 물에 젖은 털이 꽁꽁 얼어야 하는 거 아닌가요? 바다에서 헤엄친 펭귄이 동태처럼 얼어붙지는 않을지라도 적어도 털에는 쩍쩍 얼음이 붙어 있어야 한다는 말씀입니다.

우리는 봐야 압니다. 펭귄 깃털을 전자현미경으로 관찰해봤습니다. 그랬더니 깃털에 미세한 구멍이 있는데 여기에 공기가 들어 있습니다. 이 공기 때문에 물이 달라붙지 못하는 거죠. 펭귄이 물 바깥으로 나오면 깃털에 묻은 물방울은 채 얼기 전에 굴러떨어집니다. 펭귄은 깃털 때문에 육지의 추위도 피할 수 있고 바닷물이 몸에서 얼어붙지도 않습니다. 하지만 펭귄 발바닥에는 깃털이 없습니다. 깃털도 없는 발바닥으로 어떻게 얼음 위에서 동상에 걸리지 않고 살 수 있을까요?

이 문제는 비단 펭귄만의 문제가 아닙니다. 우리나라에도 얼음 위에서 겨울밤을 지새우는 새들이 있습니다. 펭귄을 비롯해 얼음 위에서 지내는 새들의 발바닥에는 원더넷wonder net이라는 혈관이 있습니다. 원더우먼의 '원더'입니다. 놀라운 기능을 가졌다는 뜻인데요. 그 기능이란 열교환 기능입니다. 여기에는 모세혈관이 무수히 많아요. 어떤 모세혈관에는 심장에서 내려온 따뜻한 동맥피가 흐르고 다른 모세혈관에는 발바닥 아래 얼음으로 차가워진 정맥피가 흐르는데, 이 모세혈관들 사이에서 열이 교환됩니다. 그래서 따뜻하던 동맥피는 적당히 식고, 차가워진 정맥피는 적당히 데워지죠. 펭귄 발바닥 체온은 몸통 체온보다 낮습니다. 하지만 얼 정도는 아닙니다.

만약에 우리 얼굴이나 손에도 펭귄의 원더넷 혈관계가 있다면 굳이 겨울에 장갑을 끼지 않아도 되고 춥다고 얼굴을 손으로 비비지 않아도 될 텐데. 우리에게 왜 원더넷이 없을까요? 없어도 살 만하니까 없겠죠.

펭귄의 새끼 사진을 보면 어미 펭귄과 달리 몸에 얼음을 잔뜩 붙이고 있잖아요. 어미와 달리 아직 깃털에 미세한 구멍이 형성되지 않았기 때문입니다. 이 불쌍한 새끼 펭귄들이 요즘 굶어 죽고 있습니다. 남극 기온이 올라가면서 새끼들이 자라는 곳에 눈이 녹아 땅이 질척해졌거든요. 땅이 질척인다고 왜 새끼 펭귄들이 굶을까요? 원래 어미들은 몇 발자국 걷고 슬라이딩으로 바다에 가서 먹이를 잡아먹습니다. 그러곤 얼른 와서 새끼들에게 배 속에 있는 것을 토해서 먹여야 하는데, 땅이 진창이 되다 보니 슬라이딩하지 못해 오가는 시간이 길어졌어요. 그사이 배 속에 저장한 먹이가 소화가 많이 돼서 새끼에게 토해줄 게 별로 남지 않죠. 기후 위기는 우리만의 일이 아닙니다. 남극까지 위기가 미친 상태입니다. 요즘 펭귄의 걱정은 추위가 아니라 더위입니다.

고양이는 왜 그렇게 잠꾸러기일까요?

고양이는 하루에 열다섯 시간이나 잠을 잡니다. 고양이 일과는 간단해요. 먹고 자고 먹고 자고 먹고 자고……. 고양이가 잠을 많이 자는 이유는 최고 포식자이기 때문입니다. 고양이는 작은 사자입니다. 사자처럼 사냥하는 동물은 에너지를 아껴야 해요. 남 잡아먹는 일이 쉬운 일은 아니잖아요. 사냥할 때 순간적으로 엄청난 에너지를 다 쏟아내야 합니다. 에너지를 대충 쓰다가 실패하고 나면 에너지가 부족해 다음 사냥은 더 어려워지거든요. 그러니 원샷원킬을 해야 합니다.

고양이가 잠이 많은 것은 야생에서 포식자로 살아서입

니다. 잠을 자면서 에너지를 아꼈다가 배고플 때 온 힘을 다해 사냥하던 버릇이 남은 거죠. 잠만 자는 고양이에게 투정을 부릴 게 없습니다. 적어도 같이 사는 사람을 먹잇감이나 경쟁자로 보지 않는다는 뜻이니까요.

물고기도 나이를 알 수 있나요?

알 수 있습니다. 흔히 두 가지 방법이 쓰입니다.

첫 번째는 귀에 있는 돌이라는 뜻의 '이석'을 이용해요. 이석은 머리 좌우에 하나씩 있는 뼈입니다. 몸의 평형을 유지시키는 기능을 하죠. 물고기가 자랄수록 이석에는 아주 작은 고리가 생겨요. 과학자들은 이석을 잘라서 그 안 무늬 수로 나이를 측정합니다. 마치 나무의 나이테처럼요.

두 번째 방법도 비슷한데, 이번에는 이석이 아니라 비늘의 나이테를 측정합니다. 그런데 모든 물고기 비늘에 나이테가 있지는 않아요.

이석이나 비늘의 나이테를 측정하는 일은 힘듭니다. 그래서 표준을 정하죠. 나이테에 따라 평균적인 몸의 크기와 무게 표를 작성합니다. 이 표만 있으면 크기와 무게만으로도 거의 정확하게 나이를 알 수 있습니다.

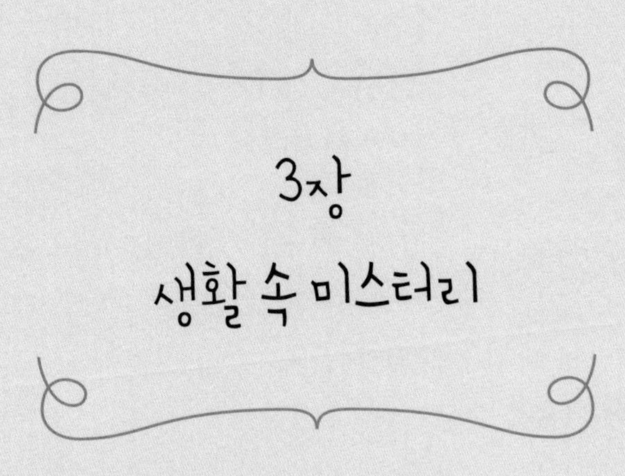

3장

생활 속 미스터리

이북이 더 보기 편한데,
아빠는 왜 굳이 종이책을 살까요?

아빠가 책을 많이 사시나 보죠? 참 멋진 아빠입니다. 저도 책을 많이 삽니다. 그 책을 다 읽느냐고요? 아니요! 구입한 책 가운데 골라서 읽지요. 책을 사는 것만으로도 지식수준을 높이고 생각 체계를 바꿀 수 있습니다. 저는 요즘 되도록 종이책보다는 이북을 삽니다. 종이책은 잃어버리기 쉽잖아요. 정작 책이 필요할 때 서가에서 찾기도 어렵고요. 이북은 잃어버릴 염려도 없고 서가에서 찾아 헤맬 필요도 없지요. 또 어두울 때 읽기 좋답니다.

그런데 왜 아빠는 굳이 종이책을 사실까요? 이유는 여러 가지입니다. 첫째, 젊기 때문입니다. 아직 작은 글씨를 읽는 데 문제가 없다는 뜻이죠. 둘째, 아직 책이 많지 않기 때문입니다. 언제든지 필요한 책을 서가에서 찾을 수 있을 테니까요. 셋째, 혼자 보려는 게 아니라 온 가족이 같이 보기를 원하기 때문일 것 같아요. 아빠가 종이책을 산다면 “아! 나도 아빠와 함께 책을 읽어야지!”라는 마음을 품으시면 됩니다.

E-Book
E-BOOK
VS
Book

녹음된 내 목소리, 왜 낯설게 들릴까요?

소리는 공기의 진동입니다. 우리 목소리는 어디에 있는 공기가 진동하는 걸까요? 우리 폐에서 나온 공기가 후두 안에 있는 성대를 울립니다. 성대의 울림이 입 바깥으로 나가서 입 앞에 있는 공기를 진동시키죠. 이 진동이 다른 사람의 귀까지 전달되어서 또 고막을 울리고 고막을 울린 진동이 결국 달팽이관에 전달되는 겁니다.

내 목소리를 내가 들을 때는 이렇게 단순하지가 않아요. 입 바깥으로 나온 진동이 공기를 진동시켜서 내 귀까지 옵니다. 이건 다른 사람이 듣는 것과 같아요. 그런데 자기 목소리를 들을 때는 한 가지가 더 합쳐집니다. 입

안에서 생긴 진동이 입 근육과 턱뼈를 통해 고막을 거치지 않고 곧장 달팽이관으로 전달돼요. 그러니까 다른 사람의 목소리는 한 가지 경로를 통해 달팽이관에 전달되지만, 내 목소리는 두 가지 경로를 통해 달팽이관까지 옵니다. 경로가 다르니 소리도 다르게 느껴지죠.

근육과 뼈를 통해 전달되는 소리는 저음이 많이 포함되어 있어요. 녹음된 소리는 이게 빠져 있죠. 그래서 평소 자기가 말할 때 듣던 소리보다 더 고음으로 낭랑합니다. 훨씬 예쁜 소리예요. 하지만 평소 듣던 소리와 달라서 어색하죠. 다른 사람들은 나보다 내 소리를 더 잘 듣고 있는 겁니다.

처방전을 보면 글씨가 엉망이던데, 의사는 다들 악필인가요?

저도 궁금합니다. 저는 의사가 아니니까요. 여기에 무슨 물리학적 또는 생물학적 아니면 천문학적 과학 원리가 숨어 있을 것 같지는 않습니다.

그래서 친구들에게 물었습니다. "의사들은 왜 글씨를 그 모양으로 쓰는 거야?"라고 말입니다. 의사가 아닌 친구들의 이야기는 대충 비슷했습니다. 환자가 알아볼까 봐 휘갈겨 쓴다는 주장입니다. 별것도 아닌 병을 진료하고서 돈 받기 미안하니 환자와 보호자가 읽지 못하게 쓴다는 거죠. 혹시 영어는 이해하는 사람이 있을지도 모르니까 라틴어로 쓴다는 대답도 많았습니다.

미리 말씀드리지만 의사 선생님들이 쓰는 글은 모두 영어입니다. 라틴어가 아닙니다. 그 바쁘신 선생님들이 라틴어를 얼마나 배우셨겠어요. 또 라틴어로 쓰면 간호사와 약사 선생님은 어떻게 이해하겠습니까. 의사는 처방전을 똑바로 써야 한다고 히포크라테스가 가르치지 않았기 때문이라는 농담 같은 대답도 있었습니다. 의사 친구들도 친절하게 답을 주셨습니다. 무척 미안해하면서 말입니다.

결론은 간단합니다. 너무 바쁘기 때문이라고 합니다. 여기에 대해 글 쓰는 의사, 남궁인 선생님은 한국일보에 칼럼도 쓰셨더군요. 칼럼의 제목은 '차트 위의 권총'입니다. 남궁인 선생님은 고백합니다. 의사가 쓰는 글씨는 특수한 영어도 아니고 의학 용어와 약자가 섞인 평범한 보통 영어라고요. 환자가 병원에 와서 무슨 증상을 호소했는지, 의사가 보니 환자 상태가 어떤지, 앞으로 뭘 해야 할지 같은 간단한 내용입니다.

의사라면 학교 다닐 때 반듯했을 가능성이 큰데 왜 글씨는 그 모양일까요? 바빠서라고 합니다. 쓸 내용이 많대요. 레지던트 시절에는 하루에 150개 정도 차트를 써야 한답니다. 사실 자기가 쓴 글도 잘 읽지 못하는 경우도 있지만 해독이 어렵지는 않습니다. 왜냐하면 의사가 쓸 내용이 뻔하기 때문이죠. 첫 알파벳을 알아볼 수 있으면 단어 길이를 보고 무슨 단어인지 유추할 수 있다고 해요.

그런데 요즘 휘갈겨 쓴 의사 차트를 보신 적 있나요? 기억을 더듬어보세요. 아마 거의 없으실 거예요. 왜냐하면 1995년부터는 전자 차트로 쓰거든요. 가끔 출력한 차트를 받아볼 때가 있습니다. 영어로 된 것도 많지만 친절하게 한글로 쓴 것도 많아요. 깔끔한 글씨로 인쇄되어 있지만 제가 못 알아먹는 건 똑같더라고요.

의사 선생님은 바쁘고 휘갈겨 써도 알아들어야 할 사람들은 다 알아듣고, 또 의사가 아무리 또박또박 써봤자 알아들을 필요가 없는 저 같은 환자들은 알아듣지 못합니다. 그냥 의사 선생님 편하게 쓰라고 두자고요. 목숨 살리고 건강한 게 최고지, 그깟 글씨가 무슨 문제겠어요.

점이 생기는 이유가 궁금해요.

몇 년 전, 얼굴에서 점을 100개쯤 뺐습니다. 몇 년 사이에 갑자기 점이 많이 생겨서 큰맘 먹고 레이저 시술을 받았죠. 한 20개 있겠거니 했는데 100개 가까이나 돼서 당황스러울 정도였습니다. 점을 빼고 나니 얼굴이 훤해졌어요. 사람들이 대학생인 줄 알더라고요. 손발톱 깎을 때는 아프지 않는데, 점을 뺄 땐 왜 아플까요? 손발톱은 케라틴이라고 하는 단백질 덩어리지만, 점은 모반세포라고 하는 점 세포가 모인 겁니다. 그래서 뜯어내면 아파요.

그런데 없던 점이 왜 생기는 걸까요? 신생아 중 1퍼센트는 점을 가지고 태어납니다. 이것을 선천성멜라닌세포

모반이라고 해요. 멜라닌세포가 모여 있는 거죠. 마찬가지로 없던 점이 생긴다는 것은 멜라닌세포가 피부 아래에 모였다는 뜻입니다.

피부의 가장 껍질 부분을 표피라고 해요. 표피 밑에 진짜 피부, 진피가 있지요. 진피 속에는 모세혈관이 있어요. 진피 바로 밑은 피하지방층이에요. 지방세포들이 모여 있습니다. 여기에 멜라닌세포가 결합하면서 점이 자라는 겁니다. 점이 생길 때는 표피의 가장 바깥쪽에서 생기는데 자라면서 점점 안으로 깊어져요. 점이 확실히 자리를 잡는 거죠.

사람들이 점에 얼마나 신경을 쓰는지 점에 붙은 이름도 참 많아요. 모양에 따라 다 다른 이름이 붙어 있죠. 그 가운데 하나가 빨간머리 앤에게 잔뜩 있는 주근깨입니다. 흑인과 황인보다 백인에게 더 많아요. 빨간머리 앤도 백인이잖아요. 사춘기에 많이 생겼다가 나이가 들수록 사라지거나 옅어집니다. 사춘기 때 자외선을 많이 쬐기 때문이기도 하고 호르몬의 영향이기도 하다는 뜻이죠.

기미는 20대와 30대 여성의 눈 주위에 많이 생기죠. 특히 임신 중에 많이 생깁니다. 이것만 봐도 호르몬의 영향이라는 느낌이 오지 않나요? 임신 중에는 에스트로겐이 증가합니다. 기미의 원인이죠. 이 에스트로겐이 멜라닌세포를 자극하기 때문입니다. 출산 후 몇 달이 지나면 거의 없어집니다. 마찬가지로 피임약을 먹을 때 기미가 생기기도 합니다. 피임약에는 에스트로겐이 들어 있거든요.

스트레스를 받으면 어떨까요? 스트레스 상황을 버티기 위해 아드레날린이 늘어나요. 아드레날린 역시 멜라닌세포를 자극합니다. 임신과 피임은 끝이 확실하잖아요. 결국 기미는 옅어지거나 사라집니다. 하지만 스트레스는 끝이 안 보이는 경우가 많죠. 주변에 기미가 없어지지 않는 젊은 여성이 계신가요? 혹시 내가 스트레스를 주고 있지는 않은지 살펴보고 위로하고 격려해주세요.

마취제가 없었을 때는 어떻게 수술했나요?

마취제는 언제 처음 발명되었을까요? 얼마 되지 않았습니다. 19세기의 일입니다. 영국의 과학자 험프리 데이비는 여러 가지 기체를 연구하다가 웃음가스로 알려진 아산화질소에 관심을 가지게 되었습니다. 웃음가스를 흡입하면 점잖기만 하던 부인도 콧노래를 부르며 길거리를 뛰어다녔죠. 웃음가스는 가면무도회 같은 파티에서 흥을 돋우기 위해 쓰이곤 했습니다. 흥분하면 사고를 치기 마련이죠. 파티에서 웃음가스를 마시고 놀던 청년이 넘어져서 다리에 상처를 입었습니다. 그런데 아픈 줄 모르고 계속 웃기만 하는 거예요. 그러다가 웃음가스 효과가 끝나

자 통증을 느끼기 시작했습니다.

이때부터 치과의사는 치아를 뽑을 때 웃음가스를 마취제로 사용했어요. 나중에는 에테르를 사용했지요. 1차대전 당시 영화를 보면 입과 코에 커피 필터 모양 마스크를 씌우고 에테르를 몇 방울 떨어뜨려서 마취하는 장면을 볼 수 있습니다. 그런데 에테르는 부작용이 많았기에 부작용이 적은 클로로포름으로 마취를 하기 시작했죠.

마취제가 쉽게 쓰인 것은 아닙니다. "마취제는 신의 섭리에 어긋나는 거야"라고 주장하는 꼴통들이 적지 않았거든요. 자기가 고통받는 게 아니라고 쉽게 이야기하는 사람들이 있죠. 권위를 앞세우는 사람들입니다. 권위는 권위로 눌러야죠. 영국의 빅토리아 여왕이 분만하면서 클로로포름을 사용했습니다. 그러자 마취제를 반대하는 소리가 쏙 들어갔죠.

이젠 클로로포름도 마취제로 쓰지 않습니다. 영화에서 악당이 수건에 묻혀서 다른 사람의 정신을 잃게 하는 용도로나 쓰이죠. 요즘은 성능 좋은 마취제가 많이 개발되었습니다. 전신 마취용, 국소 마취용이 따로 있고 투여 방법도 흡입과 정맥주사 등 다양합니다.

마취제가 없을 때는 어떻게 수술했을까요? 뭘 어쨌겠어요. 마취제 없이 그냥 수술했죠. 환자들은 치아가 뽑히고 살이 베어지고 뼈가 썰어지는 고통을 그대로 경험했습니다. 그 고통을 이기지 못하고 죽는 사람도 많았죠.

가끔 치과에 가면 "마취하실래요?"라고 묻는 선생님이 계십니다. 이때 고민하는 남자들이 있더라고요. "사나이인데 이깟 고통 정도는 마취제 없이 참아야 하는 거 아니야?"라고요. 아닙니다. 왜 고통을 감수하십니까? 그렇지 않아도 우리 삶은 녹록하지 않습니다. 피할 수 있는 고통은 피합시다. 마취제 만세!

여자에겐 변성기가 없나요?

왜 없겠어요? 남자아이들은 중학교에 들어갈 때쯤 목소리가 낮아지고 굵어지죠. 목소리는 성대가 떨려서 나오는데, 성대 길이가 달라지면 소리가 달라져요. 이걸 변성이라고 하죠. 아이일 때는 성대 길이가 1센티미터가 조금 안 돼요. 그러다가 남자아이들은 2센티미터로 길어지고 굵어지죠. 이때가 대략 13세입니다. 여자는 변성기가 먼저 와요. 12세 정도에 오죠. 그런데 1.5센티미터 정도만 길어지고 굵기마저 남자보다 가늘어요. 그래서 변성기가 왔는지 잘 눈치채지 못할 뿐 본인들은 다 알아요.

30도 물속은 시원한데,
30도 공기는 왜 더울까요?

차갑다, 뜨겁다 그리고 춥다, 따뜻하다는 상대적인 개념입니다. 나보다 온도가 낮은 걸 만지거나 그런 환경에 놓이면 차갑다거나 춥다고 느끼고, 나보다 온도가 높은 걸 만지거나 그런 환경에 놓이면 따뜻하거나 덥다고 느낄 것 같죠. 하지만 그게 꼭 그렇지가 않습니다.

우리 체온은 36.5도입니다. 그런데 기온이 30도만 되어도 더워서 견디기 힘들잖아요. 또 욕조 물이 50도만 되어도 견디지 못해 뛰쳐나오고 70도짜리 커피를 쏟으면 화상을 당하는데, 무려 80~90도에 이르는 건식 사우나 속에서는 기분 좋게 앉아 있지 않습니까? 도대체 무슨 까닭일까요?

중요한 것은 온도가 아니라 에너지이기 때문입니다. 건식 사우나는 온도가 90도라고 하더라도 그 안 공기 입자 밀도는 낮습니다. 사우나 속을 걸어 다니는 데 아무런 방해를 느끼지 못할 만큼요. 그러나 욕조에는 온도가 50도라고 하더라도 물 입자가 많아요. 이게 차이죠. 90도짜리 입자 10개보다 50도짜리 입자 1만 개가 우리에게 더 큰 에너지를 주는 겁니다.

이제 질문으로 다시 돌아가 보죠. 자동차가 기름을 태워서 에너지를 얻듯 생명체는 탄수화물, 지방, 단백질 같은 양분을 태워 에너지를 얻습니다. 그리고 자동차가 기름을 태울 때 운동에너지만 생기는 게 아닙니다. 딱히 필요는 없지만 열도 발생합니다. 우리 몸도 마찬가지입니다. 생활에너지의 부산물로 열이 발생합니다. 부산물이라고 했지만 사실 대부분의 에너지가 열 형태로 발생하죠.

이게 문제예요. 우리 몸의 효소는 36.5도 정도에서 가장 활발하게 활동하거든요. 34도보다 낮거나 38도보다 높으면 생존에 문제가 생깁니다. 단백질 효소가 제대로 작동하지 못하니까요. 자동차에는 라디에이터가 있어서 엔진 온도를 낮춥니다. 우리 몸도 체온을 낮춰야 해요. 이때 어떤 식으로 낮추는 게 좋을까요? 피부가 우리 몸의 라디에이터입니다. 30도 풀장에 들어가면 물 입자들이 몸의 열을 빼앗아 갑니다. 체온보다 물 입자의 온도가 낮으니까요. 풀장에는 걸을 때 방해받을 정도로 많은 물 입자가 있기에 체온이 잘 식습니다. 우리는 이때 시원하다고 느낍니다.

30도 공기 속이라면 어떨까요? 30도면 사람 체온보다 온도가 낮습니다. 하지만 공기 입자는 몇 개 되지 않기 때문에 우리 체온을 쉽게 낮추지 못해요. 라디에이터가 제대로 작동하지 않는 거죠. 이러다가는 세포 속 단백질 효소가 활동을 제대로 못 할지도 몰라요. 이때 우리 뇌는 덥다고 느낍니다. "더우니까 어떻게 좀 해봐. 선풍기를 틀어 땀을 날리든, 에어컨으로 찬 바람을 쐬든, 물속에 들어가든 어떻게든 해봐"라는 신호를 보냅니다. 30도 물속에서는 시원함을 느끼는데, 30도 공기 속에서는 덥다고 느끼는 까닭은 물과 공기의 입자 수 차이로 체온을 낮추는 속도가 다르기 때문입니다.

간호사는 하얀 가운을 입고
외과 의사는 녹색 가운을 입잖아요,
의미가 있나요?

일단 질문에 문제가 있어요. 모든 간호사가 하얀 가운을 입고 모든 외과 의사가 녹색 가운을 입진 않으니까요. 아무튼 의료진들의 가운 색깔에는 나름 뜻이 있답니다.

1347년 시작된 유럽의 페스트, 1918년 스페인독감 같은 팬데믹은 역사책에서나 나오는 줄 알았어요. 과학도 모르고 위생 관념도 없던 옛날 사람들이나 당하는 줄만 알았는데, 21세기에 사는 우리가 코로나19 팬데믹을 경험할 줄 누가 알았겠습니까? 페스트가 만연하던 14세기 그림을 보면 중세시대 의사들은 검은 옷을 입었더군요. 검은색 긴 가운에 까마귀 같은 가면을 쓴 그림 많이 보셨죠? 중세시대 의사들이 검은색 가운을 입은 이유는 간단합니다. 당시에는 성직자가 의사를 겸하곤 했거든요. 성직자 가운이 검은색이었어요. 검은색은 지식의 색, 성취의 색이었죠.

까마귀 같은 가면에도 이유가 있습니다. 당시에는 세균이나 박테리아 따윈 몰랐거든요. 전염병은 나쁜 공기라고 여겼어요. 그러면 마스크를 써야 하잖아요. 그냥 마스크가 아니라 나쁜 공기를 걸러주는 필터 마스크가 필요했죠. 까마귀 마스크 부리 부분에 짚을 채워서 환자의 비말이 얼굴에 묻지 않도록 의사의 얼굴을 다 가렸답니다.

그런데 19세기가 되자 세균을 알게 되었잖아요. 덕분에 20세기에는 항생제도 개발되었고요. 성직자가 하던 의학이 과학의 영역으로 바뀐 겁니다. 의사들이 과학자 가운을 입게 된 거죠. 과학자 가운이 흰색이었어요. 20세기 중반부터는 모든 의사가 흰색 가운을 입었어요.

흰색 가운은 장점이 많아요. 일단 뭐가 묻으면 눈에 잘 띄잖아요. 세균을 모르던 중세시대에는 의사의 검은 가운에 피가 덕지덕지 붙어 있으면 더 관록 있는 훌륭한 의사라고 여겼어요. 이젠 아니죠. 흰색 가운에 뭐가 묻어 있으면 안 돼요. 얼른 갈아입어야 합니다. 우리는 세균을 알거든요.

의사가 하얀 가운을 입으니까 간호사도 자연스레 하얀 가운을 입게 되었죠. 위생의 상징이니까요. 하얀 옷을 입은 간호사를 보면 벌써 병이 낫는 기분도 들었을 거예요. 또 머리에는 너스캡이라는 모자도 썼어요. 왜냐하면 서양에서 신부가 의사 역할을 할 때, 수녀님이 간호사 역할을 했거든요. 수녀님들은 모자에 캡을 쓰잖아요. 그게 간호사의 너스캡이 된 거죠. 당연히 지금은 너스캡을 쓰지 않습니다.

요즘 간호사들은 흰색 옷만 입지 않아요. 하늘색, 분홍색 같은 파스텔 톤 옷이 더 많아요. 물론 가운 입은 간호사도 없고요. 대부분 바지를 입으셨죠. 파스텔 톤인 이유는 환자를 편안하게 안심시키기 위해서입니다. 환자들은 연노랑, 연분홍, 연녹색, 연하늘색 순으로 좋아한다고 합니다.

그렇다면 수술복은 왜 초록색이나 청색일까요? 보색 잔상 효과 때문입니다. 우리 눈의 망막에는 두 가지 종류의 세포가 있어요. 막대 모양 간상세포와 원뿔 모양 원추

세포. 막대 모양 세포는 명암을 구분하고 원뿔 모양 세포는 색을 구분합니다. 그렇다면 원뿔 모양 세포는 색의 삼원색인 빨강, 초록, 파랑을 받아들일 수 있도록 세 가지 종류가 필요하리라는 건 쉽게 짐작하실 수 있겠죠?

수술할 때는 피를 볼 수밖에 없잖아요. 의사가 환자의 붉은 피를 오랫동안 보다가 흰 벽이나 흰 가운을 보면 빨간색의 보색인 초록색 잔상이 생겨서 시야가 혼동될 수 있어요. 이런 현상을 막기 위해 수술복을 아예 붉은색의 보색인 청색 계열로 만들었습니다.

겨자를 먹으면 코끝이 찡한 이유는 뭔가요?

제가 가장 좋아하는 중국요리는 양장피입니다. 노란 겨자 소스를 한가득 붓고 휘휘 섞어 먹으면 그만이죠. 소시지에도 케첩보다 머스타드 소스 바르기를 좋아합니다. 겨자 소스와 머스타드 소스 모두 겨자씨를 갈아 설탕이나 식초 등을 섞어 만듭니다. 비슷하게 맵싸한 맛이 나지만 색깔이 노랗지 않고 초록색인 고추냉이도 있죠. 횟집에서는 흔히 와사비라고 하는데요. 이건 씨가 아니라 뿌리를 갈아 만듭니다.

아무튼 겨자든 고추냉이든 와사비든 뭐든 이걸 먹으면 왜 코가 찡한 걸까요? 왜 콧속이 얼얼해지는 걸까요? 분명히 어떤 화학물질이 작용을 하는 것이겠죠. 이소티오시안산알릴이라는 물질이 범인입니다. 휘발성이 아주 강한 물질이에요. 휘발성이 강하다는 말은 상온에서, 그러니까 방 온도나 우리 체온 정도에서 획 날아가 버린다는 뜻이죠.

겨자가 입에 들어왔습니다. 입에 뭐가 들어왔을 때 입 벌리고 말하는 건 예의가 아니죠. 입 꾹 다물고 있어요. 이때 이소티오시안산알릴이 기체가 되어서 입안을 떠돌다가 어디로 가겠어요? 입안과 연결된 비강으로 올라가겠죠. 코에는 이소티오시안산알릴을 감지하는 단백질 수용체 'TPRPA1'이 있어요. 수용체 TPRPA1은 뭔가 드디어 일을 했음을 뇌에게 신고하죠. 저 열심히 일하고 있습니다, 하고 말입니다. 처음 경험하는 뇌는 그걸 찡하다고 느끼고 거부감을 느끼지만, 곧 몸에 별문제가 없다는 판단을 내립니다. 오히려 이 맛을 찾게 되기도 해요.

그런데 가만히 생각해보세요. 설마 수용체 TPRPA1이 고추냉이에만 특화되지 않았을 거잖아요. 만약에 평생 겨자 안 먹는 사람에게는 괜히 있는 걸까요? 아뇨, 자연은 쓸데없는 일을 하지 않습니다. TPRPA1은 겨자의 이소티오시안산알릴 외에도 다양한 해로운 물질과 반응합니다.

코로나19 백신 맞은 다음에 아세트아미노펜 계열의 진통제 많이 드시잖아요? 아세트아미노펜은 TPRPA1에 달라붙어 TPRPA1이 통증 신호를 뇌에게 보내지 못하게 합니다. 덕분에 우리는 통증이 사라졌다고 느끼게 됩니다.

왜 여름에는 덥고 겨울에는 춥죠?

봄, 여름, 가을, 겨울이라는 이름 너무 예쁘죠? 이런 이름은 어떻게 생겼을까요? 찾아보니까 설이 아주 많더라고요. 설이 많다는 것은 딱히 이거다 싶은 게 없다는 뜻일까요. 하지만 그럴싸한 게 있어요.

우선 봄은 '보다'에서 왔습니다. 새로운 시작을 보는 계절이라는 뜻이겠죠. 풀과 나뭇잎이 새로 돋잖아요. 여름은 농사를 뜻하는 옛날 말인 '녀름'에서 왔습니다. 농사짓는 시기니까요. 가을은 '갓'에서 왔습니다. 갓은 '끊다'라는 뜻입니다. 추수를 짐작할 수 있죠. 겨울은 머물다라는 뜻인 '겻'에서 왔습니다. 농사를 지을 수 없는 철이니 그냥 집에 있다는 뜻인가 봐요.

그러고 보니 봄, 여름, 가을, 겨울이란 계절명은 모두 농사와 관련이 있네요. 새로운 싹을 보고, 농사를 짓고, 추수를 하고, 집에 머무는 계절이라는 뜻이니까요. 농사를 짓는 여름은 가장 더운 계절입니다. 농사를 짓지 못해 집에 머물러야 하는 겨울은 가장 추운 계절이고요.

도대체 왜 여름은 덥고 겨울은 추운 걸까요? 난로에 가까우면 따뜻하고 난로에서 멀어지면 추워지는 것처럼 혹시 여름에는 지구가 태양과 가깝고 겨울에는 태양으로부터 멀리 떨어진 게 아닐까요? 왜냐하면 고등학교 다닐 때 태양을 중심으로 도는 지구의 공전궤도는 원이 아니라 타원이라고 배웠거든요.

그런데 말이 좀 안 돼요. 왜냐하면 우리나라가 여름일 때 호주는 겨울이고, 호주가 겨울일 때 우리는 여름이잖아요. 태양으로부터 떨어진 거리 때문에 계절이 생긴다면 남반구와 북반구의 계절이 반대가 아니라 똑같아야죠.

실제로 우리나라는 여름보다 겨울에 오히려 태양과 더 가까워요. 실제로 지구와 태양 사이의 거리는 약 1억 5,000만 킬로미터인데 태양에서 가장 가까운 1월 초보다 가장 먼 7월 초에는 무려 500만 킬로미터나 더 멉니다. 지구와 달 사이의 거리가 38만 킬로미터니까 지구와 달 사이 거리와 13배 이상 차이가 나는 거예요. 태양으로부터 지구와 달 사이의 거리 13배만큼 더 떨어져도 덥고, 더 가까워져도 추우니 지구와 태양 사이의 거리는 계절과는 아무런 상관이 없습니다.

계절이 생기는 이유는 지구 자전축이 기울었기 때문입니다. 태양을 정면으로 바라보지 않고 23도 정도 기울어져서 쳐다보고 있는 거예요. 랜턴을 수직으로 비추면 좁은 면적을 환하게 비추고, 비스듬하게 비추면 넓은 면적을 흐리게 비추잖아요. 바로 그거예요. 북반구에 햇빛이 거의 수직으로 비춰서 햇빛이 센 여름일 때, 남반구에는 햇빛이 비스듬하게 비춰서 햇빛이 약한 겨울인 거죠.

사실 달이 없었으면 지구에는 계절도 없었습니다. 45억 년 전, 화성만 한 천체가 원시 지구와 충돌해 합쳐지면서 지구가 탄생했어요. 이때 충격으로 튕겨 나간 조각들이 모여서 달이 생겼죠. 그리고 충격을 받은 지구는 자전축이 기울어버렸어요. 달이 생기지 않았으면 지구에 계절은 없었을 겁니다.

바코드 앞머리라는 스타일이 있던데, 스캔하면 찍힐까요?

바코드는 세계 유통업계에 혁신을 가져왔습니다. 스캔만 하면 계산이 되고 재고까지 파악되니까요. 바코드는 1940년대 공과대 대학원생이던 노먼 조지프 우드랜드가 발명해 1952년 특허를 받았죠. 하지만 당시에는 스캔 기술이 없어 사용하지 못했습니다. 우드랜드가 1970년대 IBM 연구팀에 합류해 스캐너를 개발한 뒤에야 사용할 수 있었죠.

현재는 50억 개 이상의 상품에 바코드가 부여되어 판매와 재고 관리 비용을 현격히 줄입니다. 바코드는 말 그대로 막대기bar로 구성된 암호code입니다. 요즘은 다양한 형식으로 쓰이는데, 연속 또는 불연속 코드 그리고 바의 폭이 두 가지인 것과 여러 가지인 것이 있습니다.

자, 이제 질문으로 돌아가 보죠. 여성의 앞머리를 잘못 다듬으면 마치 바코드처럼 보입니다. 그걸 바코드 앞머리라고 합니다. 과연 스캐너에 찍힐까요? 안 찍힙니다.

참, 우드랜드는 2012년 12월에 91세의 나이로 별세했습니다.

옆 사람이 하품하면 따라 하는 이유가 무엇일까요?

저는 강의를 잘하는 편입니다. 절대로 지루할 일이 없지요. 정말입니다. 대학교수 시절 강의평가에서 항상 1등을 했답니다. 그런데 이렇게 훌륭하고 재밌는 강의를 듣는 와중에도 하품하는 친구가 있어요.

이때 놀라운 일이 일어납니다. 한 친구가 하품하면 멀쩡히 강의를 잘 듣던 다른 학생들도 하품을 하기 시작해요. 하품이 전염되는 것이죠. 사람만 그런 게 아닙니다. 침팬지와 개도 하품이 전염됩니다. 코로나19는 비말을 통해 바이러스가 전파되어 전염된다고 하지만, 도대체 하품은 어떻게 전염되는 걸까요? 궁금하면 실험해보는 게 바로 과학자죠.

하품 전염에 대한 연구가 있습니다. 하품하는 장면이 담긴 비디오를 사람들에게 보여주면서 뇌 운동 피질의 흥분도를 측정했어요. 이때 사람들이 하품을 따라 하면 어떤 사람은 멈추게 하고 나머지 사람들은 마음대로 하게 놔두었죠. 재밌는 결과가 나왔습니다. 사람에 따라 하품을 따라 하는 경향이 다르기는 해도 하품을 참으려고 하면 할수록 뇌 운동 피질의 흥분도가 증가했습니다. 쉽게 말해 하품을 따라 하지 못하게 하니까 하품을 더 하려고 한다는 거예요.

여기서 우리는 따져봐야 합니다. 하품을 따라 해서 뇌 운동 피질의 흥분도가 증가하는지 아니면 뇌 운동 피질의 흥분도가 증가해서 하품을 하는지 말입니다. 뇌의 흥분과 하품 가운데 뭐가 먼저냐는 것이죠. 간단한 실험입니다. 뇌 운동 피질을 전기로 자극했습니다. 그러자 하품 충동이 커졌습니다.

이 실험은 무엇을 알려줄까요? 의식하지 않아도 뇌 운동 피질의 흥분과 억제에 따라 하품이 조절된다는 사실입니다. 즉 참으려고 해도 참을 수 없다는 말이죠. 이미 누군가가 하품하는 장면을 목격했다면 그 순간 뇌의 운동 피질이 자극된 뒤라 하품을 피하기 어렵습니다. 그러니 한 사람의 하품이 다른 사람에게 전염될 수밖에 없습니다.

교실에서 한 학생이 하품을 시작한다면 방법은 세 가지입니다. 첫째, 모든 학생이 하품을 실컷 하게 놔두는 겁니다. 물론 그날 수업은 망치는 거죠. 둘째, 하품보다 더 강력한 자극을 제공하는 겁니다. 창문은 열어 환기시키고 휴식을 제공하는 거죠. 제일 효과적입니다. 하지만 쉽지 않습니다. 저는 세 번째 방식을 주로 취합니다. 미안하지만 하품하는 친구를 내보내는 것이죠. 전염 예방에는 격리가 기본!

자동차만 타면 멀미를 해요, 치료받으면 낫나요?

멀미가 엄청 심해서 차를 타지 못하는 사람이 적지 않습니다. 2016년에 개봉한 「걷기왕」의 주인공이 바로 그런 사람이죠. 주인공은 버스를 못 타서 통학을 위해 왕복 네 시간을 걸어 다녀야 하는 여고생입니다. 심은경 씨가 주인공 역을 했죠.

멀미는 눈이 느끼는 움직임과 귀가 느끼는 움직임이 다를 때 발생합니다. 버스가 부드럽게 아스팔트 위를 달리고 있습니다. 눈이 보기엔 자기 몸의 움직임이 거의 없어요. 평온합니다. 눈은 평온하다는 신호를 뇌에 보냅니다. 그런데 귀에서는 그게 아니라는 신호를 뇌에 보내요.

뇌는 어떻게 되겠어요? 서로 다른 정보가 동시에 도착하니 혼선이 빚어지겠죠. 뇌가 정신없다 보니 그게 어지럼증으로 표현되는 겁니다. 우리는 그걸 멀미라고 하고요.

멀미의 증상은 다양합니다. 얼굴이 창백해지고, 식은땀이 나고, 입이 바짝 마르고, 심장이 두근거리죠. 멀미가 심해지면 뭘 토하기도 하지요. 옆 사람들에게 불쾌감을 줍니다. 그러니 미안하고 또 미안해서 더 정신이 없고 그렇습니다.

눈은 별로 거짓말을 안 해요. 주로 거짓말은 귀가 합니다. 귀 안에는 몸의 움직임을 감지하는 장치가 있어요. 이걸 전정기관이라고 합니다. 전정기관은 이석기관과 반고리관으로 구성되지요. 이석기관은 말 그대로 귀에 있는 돌입니다. 이 돌이 위아래 그리고 앞뒤 움직임을 감지합니다. 이석은 반고리관 주변에 있으면서 균형을 유지시켜 주는 돌인데, 가끔 원래 위치에서 떨어져 나올 때가 있어요. 그러면 주위가 돌아가는 듯한 증상이 나타나죠. 코끼리 코 돌기를 한 다음과 비슷한 느낌입니다. 병원에 가셔서 치료받으셔야 합니다.

멀미는 전정기관의 다른 부속인 반고리관과 관계가 있

습니다. 반고리관은 이름처럼 반쪽 모양의 고리처럼 생긴 파이프입니다. 세반고리관이라는 이름도 들어보셨죠? 반고리관이 3개 있거든요. 그래서 세반고리관입니다. 3개가 있다는 것은 무슨 뜻일까요? 3차원적인 움직임을 감지한다는 뜻이죠. 산수 시간에 배운 x축, y축, z축을 생각하시면 돼요. 세반고리관에는 림프액이라고 하는 액체가 들어 있습니다. 몸의 움직임에 따라 액체가 움직이고 그 움직임이 뇌에 전달되는 거죠.

배나 버스에 비해 기차 멀미는 별로 없잖아요. 우리는 평소에 걸어 다니면서 앞뒤, 좌우 운동에는 익숙해요. 하지만 상하 운동을 할 일은 거의 없잖아요. 그런데 버스, 승용차, 배는 상하 운동이 많습니다. 이에 반해 기차와 지하철은 평평한 곳을 다니기 때문에 상하 운동이 적죠. 멀미는 치료가 안 됩니다. 예방을 하셔야 합니다. 멀미약을 미리 드시면 됩니다. 사용설명서 꼭 참고하시고요.

토네이도는 미국에서만 발생하나요?

영화 「트위스터」, 「투모로우」 그리고 「인투 더 스톰」은 모두 토네이도를 다루고 있습니다. 토네이도는 강력한 회오리바람입니다.

토네이도는 미국뿐만 아니라 세계 모든 지역에서 관찰되죠. 하지만 가장 많이 발생하는 곳은 미국의 평야 지대입니다. 그러고 보니 제가 알고 있는 토네이도를 다룬 영화는 모두 미국 영화네요. 아마 미국인들의 관심사이기 때문일 것입니다.

저도 유럽에서 10년을 살았는데요. 유럽 대륙에서 토네이도가 발생했다는 뉴스를 한 번도 본 적이 없는 것 같아요. 토네이도에 해당하는 독일어와 스페인어 단어를 찾아봤더니 철자가 영어와 똑같아요. 발음만 자기네 방식으로 토르나도와 또르나도로 읽고 설명은 '북아메리카에서 발생하는 돌풍'이라고 되어 있네요.

미국에서는 매년 평균 1,200회 이상 토네이도가 발생합니다. 특히 5월에는 하루에 9건꼴로 발생하죠. 영화 「트위스터」와 「인투 더 스톰」의 배경은 오클라호마주입니다. 텍사스주 바로 위에 있는 남부 지역입니다. 눈치채셨죠? 오클라호마에서 토네이도가 가장 많이 발생하거니와 역대 가장 강력한 토네이도들이 발생한 곳도 바로 오클라호마이기 때문입니다. 오죽하면 "오클라호마에 사는 것은 토네이도와 같이 사는 것"이라는 말이 있을까요.

영화에서는 과학자는 물론이고 고등학생도 목숨을 걸고 토네이도의 비밀을 밝히려고 노력합니다. 하지만 현실에서는 별로 밝혀진 게 없습니다. 대기 과학자들은 토네이도가 잘 발생하는 환경과 조건을 밝혀냈을 뿐입니다. 아직도 어떠한 과정을 통해 토네이도가 형성되는지 그 원인을 명확히 밝혀내고 있지 못합니다. 토네이도가 발생하는 메커니즘을 아는 것은 아주 중요합니다. 그래야 토네이도로 인한 피해를 줄일 수 있으니까요.

다행히 우리나라에서는 경험하기 힘든 현상입니다. 우리나라는 산지가 많잖아요. 전 국토의 70퍼센트가 산입니다. 설사 토네이도가 생겼다고 하더라도 이동하면서 그 세력을 키울 만한 땅이 없어요. 대신 바다에서는 토네이도가 가끔 발생합니다. 바다라 먼지 소용돌이가 아니라 물 소용돌이가 생기죠. 마치 바닷물이 하늘로 승천하는 모습처럼 보인다고 해서 '용오름'이라고 부릅니다.

'큰곰자리'가 곰처럼 안 보이는데, 제 눈이 이상한 건가요?

별자리는 아주 오래전부터 있었습니다. 지구가 우주의 중심이라고 여길 때부터 말이죠. 하지만 지금은 우주시대입니다. 1969년에 이미 달에 다녀왔고 이젠 화성 이주를 꿈꾸고 있습니다. 우리나라도 발사체 기술을 갖춰서 달에 로켓을 보낼 날이 머지않았습니다. 유치원생도 인공위성과 궤도 같은 단어를 알아요.

그렇다면 이제 별자리는 의미가 없을까요? 아닌 것 같습니다. 천문학과에서 별자리를 가르쳐주지 않지만 학생들은 스스로 별자리를 익힙니다. 여전히 사람들은 밤하늘의 별을 볼 때마다 별자리를 찾으니까요.

저는 10년 넘게 과학관에서 일하고 있습니다. 그러니 얼마나 많은 사람이 제게 별자리를 물었겠습니까? 또 저는 얼마나 열심히 별자리 공부를 했을까요? 하지만 저는 여전히 별자리를 잘 못 찾습니다. 기껏해야 카시오페이아자리, 작은곰자리, 오리온자리 정도죠.

칠레의 아따까마사막, 서호주사막, 중국의 타클라마칸사막, 동고비사막처럼 별이 많이 보이는 곳에서는 별자리 찾기가 더 어려워요. 별이 너무 많거든요. 별자리는요, 도시에서 오히려 더 잘 보입니다. 별자리의 별은 아주 눈에 띄는 별입니다. 도시에서는 그런 별들만 하늘에서 빛나고 있으니 쉽게 찾을 수 있죠.

그렇다면 별이 몇 개 보이지도 않아서 별자리 찾기 좋은 서울 하늘에서 저는 왜 별자리를 못 찾을까요? 제가 바보여서가 아닙니다. 별자리가 실제 이름과 비슷하게 생기지 않아서입니다. 사자자리면 사자처럼, 고래자리면 고래처럼, 처녀자리면 처녀처럼 생겨야 하잖아요. 하지만 그런 모습의 별자리는 없습니다.

별자리를 소개하는 책은 별 주변에 대충 그림을 그려놓은 우화적인 형상을 보여주면서 별자리를 상상하라고 우깁니다. 그걸 우리가 그림을 그릴 수 없는 하늘에서 어떻게 찾겠어요. 물론 그런 책으로 공부하고도 밤하늘에서 별자리를 기가 막히게 찾는 분들이 계세요. 우리 과천 과학관에도 그런 분들 많이 계십니다. 저는 이해할 수 없는 별난 분들이죠.

별자리 책을 보면 별들을 선으로 연결해놓았잖아요. 전 세계 책들이 다 똑같아요. 처음에 누가 이렇게 해놨는지 모르지만 참으로 이해할 수 없습니다. 저만 이렇게 생각한 게 아니었나 봅니다. 2021년 2월에 새로운 책이 한 권 나왔습니다. EBS Books란 출판사에서 나온 『별 헤는 밤을 위한 안내서』라는 책입니다. 별자리의 별은 똑같아요. 당연하죠. 하지만 별을 연결하는 선이 다릅니다. 『별 헤는 밤을 위한 안내서』에 나온 큰곰자리는 딱 봐도 큰 곰처럼 생겼어요. 쌍둥이자리는 쌍둥이처럼 생겼고 목동자리와 처녀자리도 각각 목동과 여인처럼 생겼습니다.

우리 눈은 의미가 있는 형태로 보려고 해요. 코끼리 바위가 있는 섬이 많아요. 뻥 뚫린 해식동굴만 보면 우린 코끼리를 상상하죠. 우리는 익숙한 모양은 저절로 잘 찾아요. 상상이 되거든요. 그런데 지금까지는 별자리를 이름처럼 보여주지 않았어요. 이것이 분했던 분들에게 『별 헤는 밤을 위한 안내서』를 강력히 추천합니다.

왜 8월이 한 해 중 가장 더운가요?

왜 8월이 가장 더울까 하는 질문의 배경은 이런 걸 거예요. “태양이 가장 높이 떠서 가장 세게 가장 오래 비출 때는 하지잖아, 하지는 6월 21일이잖아. 그렇다면 한 해 중 6월 말이 가장 더워야지, 왜 8월이 더 더운 거야?” 그렇잖아요, 지구 온도는 태양이 결정하는데 햇빛이 제일 센 6월을 놔두고 왜 8월이 제일 더운가 하는 의문은 상당히 합리적입니다.

6월이 아니라 8월이 더 덥다면 지구 온도를 결정하는 요소는 태양만이 아니라는 게 분명하죠. 그게 뭘까요? 잘 모르시겠죠? 이럴 때는 지구를 벗어나서 생각해보는 게 좋아요.

머릿속에 태양계를 떠올려보세요. 왼쪽 끝에 거대한 태양이 있고 그다음으로 수성, 금성, 지구, 화성, 목성, 토성, 천왕성, 해왕성이 있어요. 너무 멀리 있는 목성과 그 이후의 행성은 빼고 태양에서 가까운 행성을 차례대로 정리하면 수성, 금성, 지구, 화성 순입니다.

위키피디아에서 각 행성의 기온을 찾아봤습니다. 지구의 평균 기온은 영상 15도입니다. 요즘 많이 더워지고는 있지만 이 정도면 아직 살 만하죠. 지구보다 태양에서 멀리 떨어져 있는 화성의 평균 기온은 영하 63도입니다. 역시 태양에서 머니까 춥네요. 그래도 사람이 못 살 건 없어요. 시베리아에는 영하 68도짜리 도시도 있으니까요.

그렇다면 지구보다 태양에 더 가까운 금성은 어떨까요? 금성의 평균 기온은 477도입니다. 어마어마하네요. 생명체가 살기는커녕 흐르는 물도 존재할 수 없는 뜨거운 곳입니다. 금성으로 피난 갈 생각은 꿈도 꾸지 말아야 해요.

음, 그러면 태양에서 가장 가까운 수성은 어떨까요? 수성은 온도가 오락가락합니다. 낮에는 430도까지 올랐다가 밤이 되면 영하 200도까지 떨어져요. 아니, 왜 이렇게 일교차가 크죠. 또 어떻게 수성의 낮 온도가 금성의 평균 기온보다도 낮을 수가 있지요? 태양과 훨씬 가까운데 말입니다.

이제 분명해졌습니다. 행성 온도는 태양과의 거리만으로 결정되지 않는다는 것 말입니다. 수성과 금성의 차이는 어떤 대기가 얼마나 있느냐입니다. 수성의 대기압은 100조분의 1기압이에요. 대기가 없는 것과 마찬가지죠. 달처럼 작다 보니 중력도 작아서 공기를 잡고 있을 힘이 없습니다. 이에 반해 금성은 90기압이나 되는데, 97퍼센트가 온실가스로 악명 높은 이산화탄소예요. 그래서 낮이고 밤이고 더운 거죠.

하루에 해가 가장 세게 비추는 시간은 정오입니다. 그런데 오후 2~3시가 가장 덥잖아요. 햇빛이 대기를 데우는 데 그만큼 시간이 걸리기 때문입니다. 해가 가장 높이 뜨고 길게 비추는 때는 6월 21일 하지입니다. 하지만 8월이 더 더워요. 마찬가지로 태양에너지가 지구 대기를 데우는 데 그만큼 시간이 필요합니다.

우리가 오늘 이산화탄소 순배출을 0으로 한다고 해서

즉 넷제로Net zero를 만든다고 해서 당장 지구 가열 현상이 멈추는 게 아니라는 뜻입니다. 오늘날의 더위는 수십 년간 배출한 온실가스의 결과물입니다. 기후 위기 문제를 해결하기 위해 지금 당장 행동해야 하는 까닭입니다.

비행기 안에서는
왜 휴대전화를 사용할 수 없나요?

질문이 성립하지 않습니다. 왜냐하면 비행기 안에서도 휴대전화를 사용할 수 있으니까요. 비행기에서 휴대전화를 꺼둬야 했던 건 옛날 일입니다. 예전엔 비행기 타자마자 휴대전화 꺼달라는 주의를 받았죠. 좌석 모니터에는 항공 운행에 전자파가 방해를 줄 수 있으므로 모든 전자기기의 작동을 중단해달라는 안내방송도 나왔습니다. 항공기 조종실 안에 있는 이착륙 시스템이 무선전파의 방해를 받을 수 있기 때문이지요. 가능성은 적지만 그래도 안전이 최고니까요. 실제로 문제가 된 적도 많아요.

물론 유럽이나 미국까지 가는 열두 시간 동안 모든 전

자기기를 사용하지 못하는 것은 아니었습니다. 그러나 비행기가 이륙할 때와 내릴 때는 무조건 꺼야 했습니다. 이 시간이 제법 길어요. 국내선의 경우에는 켤 시간이 없었어요. 왜냐하면 비행기 이륙 시간이 길거든요. 비행기가 활주로를 달리고 하늘 위로 날아올라 1만 피트, 그러니까 3,000미터 이상 올라갈 때까지를 이륙이라고 합니다. 이 때까지 20~30분이 걸려요. 내릴 때도 비슷합니다. 그러니 채 한 시간이 걸리지 않는 국내선에서는 전자기기를 사용할 틈이 없었죠.

그런데요, 이미 2014년 3월부터 비행기가 이륙하고 착륙할 때도 손에 쥘 수 있는 전자기기는 사용할 수 있습니다. 단, 비행기 모드로 설정해야 하죠. 손에 쥐고 사용할 수 없는 노트북 같은 것은 이착륙 때는 사용하지 못합니다. 전파의 문제가 아니라 비행기가 흔들린다든지 할 때 위험하기 때문이지요. 그리고 스마트폰은 손에 쥐고 사용할 수 있지만, 여전히 비행 중 음성 통화는 금지입니다. 뭐, 스마트폰이 이젠 전화기는 아니잖아요. 왜 음성 통화는 여전히 하지 못할까요? 실제로 큰 영향을 끼치기 때문입니다.

1998년 9월 런던 상공에서 오스트레일리아 콴타스 여객기가 공항 위를 선회하다가 갑자기 요동하면서 200미터 급강하하는 사고가 있었습니다. 공항에 거의 도착할 때쯤 되니까 승객 가운데 누군가가 마중 나온 사람에게 전화를 걸었습니다. 그러자 옆에 있는 사람들이 너도나도 같은 행동을 했지요. 승객들의 통화 전파가 이착륙 시스템을 방해한 것입니다. 실제로 1990년대 후반만 하더라도 매년 20건 정도 휴대폰 관련 항공기 사고가 있었습니다. 비행기 이착륙은 매우 정밀한 과정입니다. 자칫 잘못하면 사고가 나고, 사고가 나면 죽을 가능성이 매우 큽니다.

비행기에서 카톡을 하는 것은 괜찮을까요? 아닙니다, 안 됩니다. 비행기 모드에서는 카톡이 되지도 않죠. 영화 보고, 책 읽고, 원고 쓰고, 문서 정리하고, 계산하고, 그림 그리고, 사진 찍는 일은 됩니다. 비행기 모드에서 할 수 있는 모든 일은 가능합니다. 나머지는 안 되고요.

저는 요즘도 비행기 안에서 이륙 직후나 착륙 직전에 통화하는 사람들을 봅니다. 소곤소곤 통화하죠. 통화 소리가 작다고 해서 이착륙 시스템에 끼치는 영향이 작은 것은 아니잖아요. 미안하지만 저는 지적합니다. 정중한 단어를 사용하지만 제법 큰 소리로, 저 뒤쪽이나 앞쪽에 있는 승무원에게 충분히 들릴 정도로 사용을 멈추라고 요구합니다. 면박 줍니다. 제 생명은 소중하니까요.

왜 디젤 엔진은 가솔린 엔진보다 더 시끄러울까요?

가솔린 엔진은 가솔린이 엔진 속으로 분사되고, 여기에 맞춰 점화플러그가 불꽃을 튀기면 폭발이 일어나서 그 힘으로 바퀴가 돌아갑니다. 매 순간 바퀴에 전달되는 힘이 다르죠. 사람들은 그 진동을 느끼는 겁니다.

그렇다면 디젤 엔진은 어떨까요? 디젤 엔진에는 점화플러그가 없습니다. 불을 번쩍 일으켜서 연료를 태우는 게 아닙니다. 디젤 기름과 공기를 받아들인 후 피스톤이 움직이면서 엔진통 공간의 부피를 줄입니다. 부피가 줄어들면 압력은 높아지잖아요. 이 압력 때문에 디젤이 폭발을 일으키는 겁니다.

보통 공기가 1기압이에요. 우리가 편하게 느끼는 바로 그 기압이죠. 우리나라 전기압력밥솥이 1.6기압이거든요. 그런데 디젤 엔진은 1,700에서 1,800기압까지 높아집니다. 지구에서 가장 깊은 마리아나해구에 들어가도 수압이 1,000기압밖에 안 돼요. 디젤 엔진 안에는 세계에서 가장 좋은 잠수정이 견딜 수 있는 것보다 훨씬 높은 압력이 생깁니다. 디젤 엔진은 먼저 공기를 받아들여서 1,700에서 1,800기압까지 압축한 뒤 여기에 수백 기압으로 디젤 연료를 분사합니다. 압력이 수백 기압에서 1,700 또는 1,800기압으로 높아진 디젤 연료가 자연 점화되면서 폭발을 일으키는 겁니다.

그것을 자동차 시트에 앉아 있는 우리가 느낄 수 있을까요? 그럼요. 정말 온몸으로 느낄 수 있죠. 디젤 엔진은 가솔린 엔진보다 소음도 크고 진동도 큽니다.

하지만 모든 기술이 그렇듯이 디젤 엔진 기술도 발전에 발전을 거듭했습니다. 진동과 소음이 눈에 띄게 줄었습니다. 신기술 가운데 하나가 터보차저turbocharger입니다. 폭발 후에 발생한 배기가스의 압력을 이용해서 공기를 압축하는 기술입니다. 그러면 실린더 안에 공기가 더 많이 들어가요. 연료와 맞닿는 산소 분자가 많아져서 디젤 연료가 완전 연소로 이어지고 덕분에 진동과 소음이 줄어드는 거죠.

다만 디젤 엔진 기술이 아무리 발전한다고 해도 지금 유치원과 초등학교에 다니는 친구들은 디젤 자동차를 운전하지 못할 겁니다. 기후 위기를 맞이하여 세상에서 퇴출될 기술이기 때문입니다.

4장

보이지 않는 세계

우주에 외계인들이 살까요?

"반드시 살고 있지요."

그렇다면 따져 물으실 겁니다. "당신이 외계인 본 적 있어?"라고 말입니다. 저는 정직하게 대답하겠지요.

"아뇨. 본 적 없습니다."

그러면 또 따지시겠죠?

"아니, 보지도 못한 걸 어떻게 믿어? 그러고도 과학자라고 할 수 있어?"

제가요, 과학자의 탈을 썼기에 외계인이 살고 있으리라고 대답하는 거예요. 실제로 고등학교에 강연하러 가면 가장 많이 받는 질문이 "외계인이 있을까요?"입니다. 저는 반문하지요. "여러분은 어떻게 생각하세요?"라고요. 그러면 학생들은 이구동성으로 있을 것 같다, 라고 대답합니다. 학생들은 몰라서가 아니라 제가 자기들과 생각이 같은지 묻는 거죠. 있을 것 같다고 대답한 친구에게 물어요. 왜 있을 것 같냐고요. 그러면 그 친구는 우주가 너무 크니까요, 라고 대답합니다.

영어를 우주로 뭐라고 하나요? 우리는 우주라고 하면 'universe'가 먼저 떠오르잖아요. 정작 영어권 사람들은 우주라고 하면 'space'라는 단어를 말하더라고요. 우주는 space 그러니까 텅 빈 곳입니다. 우주가 얼마나 크길래 '공간空間'이라고 부르겠습니까?

태양계는 단지 하나의 별입니다. 여기에는 수-금-지-화-목-토-천-해라는 8개 행성이 있는데 그 가운데 하나인 지구에 생명, 그것도 고도로 지적인 인간이 살고 있어요. 그런데 우리 은하 안에는 태양 같은 별이 1,000억 개가 넘어요. 1,000억 개 별 가운데 태양처럼 행성을 가진 별이 얼마나 많을까요? 또 그 별의 행성 가운데 생명체가 있는 행성이 많지 않겠습니까? 그리고 그 생명 가운데는 인간처럼 고도로 지적인 존재도 있을 겁니다.

또 우주에는 우리 은하 같은 은하가 1,000억 개가 넘어요. 모든 별이 태양처럼 행성을 갖지 않지만 행성이 딸린 별도 엄청나게 많습니다. 태양 외에 다른 별에 딸린 행성을 외계행성이라고 하거든요. 지구에서 발견한 외계행성이 2021년 11월 14일 기준으로 4,581개나 돼요. 우리가 발견하지 못한 행성은 여기에 수천억 곱하기 수천억 개가 있겠지요.

그렇다면 우리 은하 안에 외계와 통신할 수 있는 생명체를 지적이라고 표현했을 때, 우리와 같은 지적인 생명체가 있는 행성은 몇 개나 될까요? 프랭크 드레이크 박사는 그걸 계산하는 방정식을 만들었어요. '드레이크 방정식'이라고 합니다. 우리 은하 안에서 매년 탄생하는 별의 수, 별들이 행성을 가질 확률, 행성에 생명체가 살 수 있는 확률, 생명체가 우리만큼 지적으로 진화할 확률 등 7개의 변수를 써서 계산하는 거죠. 변수가 상당히 주관적이에요. 제가 계산하면 우리 은하 안에서만 수천억 개가 되더라고요. 우주에는 말도 못 하게 많겠죠.

그렇다면 우리는 외계인을 만날 수 있을까요? 이 질문은 외계인이 있느냐는 질문보다 더 쉽게 답할 수 있습니다. 우리는 외계인을 못 만납니다. 왜냐하면 우주는 너무 넓기 때문이죠. 외계인이 아무리 과학과 기술이 발달했어도 물리법칙을 뛰어넘을 수는 없습니다. 그들도 빛보다 빠를 수 없고, 그들에게도 에너지보존법칙이 적용되기 때문이죠. 우주에 외계인은 엄청나게 많습니다. 하지만 우리는 결코 그들을 만날 수 없습니다.

언젠가 모든 사람이 달에 갈 수 있게 될까요?

SF 만화 『철인 캉타우』를 아마도 모르시겠죠? 1976년 작품이니까요. 외계인들 사이의 전쟁에 지구인이 휘말려 들어가서 우여곡절을 겪는 이야기입니다. 만화를 그리신 분은 이정문 화백입니다. 저 이정모와는 아무런 상관이 없는 분이죠.

이정문 화백은 미래 SF를 그리신 분입니다. 미래에 대해 관심이 아주 많으셨어요. 그는 1965년에 이미 「서기 2000년대 생활의 이모저모」란 한 쪽짜리 만화를 그리셨죠. 1965년에 35년 후에는 우리의 일상생활이 어떻게 달라질지 보여주신 거예요. 그런데 놀랍게도 이미 우리는 이것들을 다 가지고 있습니다.

태양열주택, 전자신문, 전기자동차, 로봇청소기, 화면으로 레시피를 보며 요리하는 주방, 원격진료, 원격수업, 화상통화 같은 것들입니다. 이 가운데 제게 없는 것은 태양열주택뿐이에요. 나머지는 다 가지고 있어요. 태양열주택도 제게 없는 것이지, 제 친구는 가지고 있어요. 세상에 있는 겁니다. 이정문 화백의 통찰력은 정말 놀랍습니다.

다만 이상문 화백이 예측한 것 가운데 딱 한 가지가 성취되지 않았습니다. 그것은 바로 '달나라로 수학여행 가기'입니다. 1965년이면 아직 달에 아무도 가지 못했을 때입니다. 아폴로 계획이 1961년에 시작되기는 했지만, 사람이 달에 도착한 것은 만화가 나온 지 4년 뒤인 1969년 7월 20일의 일이었거든요. 그러니 이정문 화백의 미래를 바라보는 통찰력에 놀랄 수밖에 없죠. 하지만 그 뛰어난 통찰력으로도 예측이 많이 어긋난 게 바로 달나라로의 여행입니다.

저는 학력고사 세대입니다. 학력고사 세대는 문제를 찍는 훈련이 잘 되어 있어요. 틀린 답을 골라내는 재주가 있는 거죠. 문항에 '절대로' 또는 '반드시' 또는 '모든' 같은 표현이 들어 있으면 틀린 겁니다. 오늘 질문은 "언젠가 모든 사람이 달에 갈 수 있게 될까요?"잖아요. '모든'이 들어 있으니 틀린 이야기일 가능성이 큽니다. 모든 한국 사람은 김치를 좋아해! 틀린 말입니다. 한국 사람들이 김치를 좋아하는 것은 사실이지만 모든 사람이 좋아하지는 않으니까요.

자, 사람이 달에 갈 수 있을까요? 그럼요. 하지만 모든 사람이 달에 갈 수 있는 것은 아닙니다. 물론 우리나라 우주인들도 달에 갈 수 있는 날은 멀지 않은 것 같아요. SF 작가인 윌리엄 깁슨은 인터뷰에서 이렇게 이야기했습니다. "미래는 이미 여기에 있다. 단지 골고루 퍼지지 않았을 뿐이다"라고 말입니다. 몇몇 부자가 최근 우주로 여행을 다녀왔잖아요. 미래가 이미 여기에 있습니다. 다만 골고루 퍼지지 않았을 뿐이죠. 최대한 골고루 퍼지게 하는 것이 바로 민주주의입니다. 달나라 여행을 하고 싶으세요. 저도 그렇습니다. 우리 함께 더 강력한 민주주의 사회를 만듭시다.

행성은 색깔이 다 똑같나요, 아니면 다른가요?

태양계에는 모두 8개의 행성이 있습니다. 수성, 금성, 지구, 화성이라는 암석형 행성 4개와 목성, 토성, 천왕성, 해왕성이라는 기체 행성 4개가 그것이죠.

멀리 있는 해왕성부터 볼까요? 해왕성은 이름부터 바다의 왕이라는 뜻이잖아요. 그렇다면 해왕성은 무슨 색일까요? 그렇습니다, 파란색이에요. 바다 색깔이죠. 해왕성은 80퍼센트가 수소, 19퍼센트가 헬륨 그리고 메탄이 1퍼센트 정도입니다. 이 메탄과 우리가 잘 알지 못하는 어떤 미량의 물질 때문에 파랗게 보입니다.

해왕성 안쪽에는 천왕성이 있습니다. 당연히 천왕성은

하늘색입니다. 바다색보다는 연한 파란색이죠. 파란색이라고 하면 떠오르는 기체가 있지 않나요? 그렇습니다. 메탄입니다. 천왕성은 수소가 83퍼센트, 헬륨 15퍼센트, 메탄 2퍼센트 정도입니다.

다음은 고리가 아름다운 토성입니다. 토성은 물보다도 가벼운 행성입니다. 토성을 가져다가 욕조에 넣으면 둥둥 뜰 겁니다. 토성은 수소 93퍼센트, 헬륨 5퍼센트이고, 메탄은 0.2퍼센트에 불과합니다. 토성은 무슨 색깔일까요? 흙 색깔이겠죠. 토성의 희끄무레한 색은 거의 수소와 헬륨의 색깔이라고 보면 됩니다.

태양계에서 가장 큰 행성인 목성의 영어 이름은 주피터jupiter입니다. 로마 신화에 나오는 주피터의 그리스 이름이 제우스입니다. 신 중의 신이죠. 목성은 태양계의 모든 행성을 다 합한 것보다 2배 반이나 무거운 행성이죠. 목성의 대기는 토성과 거의 비슷합니다. 그렇다면 색깔도 비슷하겠죠. 다만 목성에는 암모니아가 잔뜩 들어 있는 구름이 뒤덮여 있고 폭풍이 구름을 움직여서 다양한 무늬를 만들어냅니다. 목성 표면의 갈색 무늬는 암모니아가 얼음이 되어서 구름층을 가린 것입니다.

화성은 영어로 마스mars입니다. 그리스 신화에서 전쟁의 신인 마르스에서 왔습니다. 전쟁이라고 하면 무슨 색깔이 떠오르십니까? 붉은색이죠? 그렇습니다, 화성은 붉은색입니다. 화성에도 지구처럼 바다가 있었어요. 바닷물이 태양풍에 의해 수소와 산소 분자로 쪼개졌습니다. 수소는 가벼워서 우주 공간으로 날아갔고 산소는 화성 표면 암석의 금속들과 결합했습니다. 그러니까 화성은 녹슨 행성인 거죠. 그래서 빨갛게 보입니다.

다음 이야기할 차례는 지구지만 지구는 주인공이니까 나중으로 미루고 금성부터 하죠. 금성은 새벽과 초저녁에만 보입니다. 새벽 금성은 샛별이라 하고 초저녁 금성은 개들이 밥 달라고 짖어댈 때 뜬다고 해서 개밥바라기별이라고 합니다. 금성은 평균 기온이 477도나 되는 뜨거운 행성입니다. 덥다고 하면 뭐가 생각나세요? 그렇습니다. 이산화탄소입니다. 요즘 지구 대기의 이산화탄소는 0.04퍼센트 정도입니다. 금성 대기는 지구보다 90배나 진한데 이산화탄소가 96.5퍼센트나 됩니다. 금성은 더운 행성이에요. 구름으로 가득 덮여 있기에 구름색이죠.

수성은 태양에서 가장 가까운 행성입니다. 영어로 머큐

리mercury입니다. 수은의 영어 이름과 같습니다. 짐작되시죠? 수은 색깔입니다. 대기는 거의 없고 암석권에서는 칼륨이 32퍼센트, 나트륨이 25퍼센트 정도입니다.

지구는 멀리서 보면 파랗고 하얗게 보입니다. 물이 있기 때문이죠. 지구 색은 바다와 구름 색깔입니다.

이처럼 행성의 모습이 다 달라요. 그 이유는 서로 다른 물질로 이루어져 있기 때문입니다.

북극성은 정말로 항상 북쪽만 가리키나요?

2003년에 공전의 히트를 친 MBC 드라마 「대장금」을 기억하십니까? 54부작 드라마였는데 제5회에 이런 장면이 나옵니다. 장 상궁이 묻습니다.

"어찌 홍시라 생각하느냐?"

장금이가 대답하죠.

"저는…… 제 입에서는…… 고기를 씹을 때 홍시 맛이 났는데…… 어찌 홍시라 생각했느냐 하시면 그냥…… 홍시 맛이 나서 홍시라 생각한 것이온데."

그렇습니다. 홍시 맛이 나서 홍시라고 했는데, 왜 그러냐고 따지면 뭐라고 대답할 수 있겠습니까? 북극성도 마찬가지입니다. 북극을 향하고 있다고 해서 북극성이라고 이름 붙였는데, 이제 와서 북극성은 항상 북쪽을 가리키냐고 물으시면 장금이도 따로 드릴 말씀이 없지요.

잠깐 동안 우리는 천동설주의자가 될 필요가 있습니다. 우주의 중심은 바로 지구이며 지구는 가만히 있고 우주가 지구를 중심으로 돈다고 생각하는 거죠. 사실 그렇게 보이잖아요. 우리 지구를 둘러싸고 있는 하늘을 천구, 그 천구에서 북쪽에 자리한 별을 북극성이라고 합니다. 그냥 북극 위에 있기 때문에 북극성이에요.

그런데요, 북극성은 사실 가만히 그 자리에 있는 게 아닙니다. 북극성도 움직여요. 왜냐하면 정확히 북극 위에 놓인 게 아니라 살짝 옆에 있거든요. 사실 살짝도 아니에요. 보름달 지름의 1.4배 정도 벗어나 있거든요. 뭐, 그래봐야 잘 티가 나지는 않아요. 아무튼 그 덕분에 다른 별처럼 하루에 1도씩 움직여요. 북극에서 멀리 떨어진 별은 하루에 1도만 움직여도 많이 움직이는 것처럼 보이지만, 북극성은 거의 북극에 붙어 있기 때문에 티가 나지 않을 뿐입니다.

그리고 특정한 별이 북극성의 명칭을 차지하고 있는 것

도 아니에요. 지금의 북극성은 작은곰자리의 알파별, 그러니까 가장 밝은 별을 말합니다. 영어로 그 별이 이름은 폴라리스라고 해요. 하지만 지금부터 3,000년 전에는 작은곰자리의 베타별, 그러니까 두 번째로 밝은 별인 코카브가 북극성이었어요. 그리고 1만 2,000년경, 사람들이 처음 농사를 짓기 시작할 때의 북극성은 거문고자리의 베가였습니다. 앞으로 8,000년이 지나면 백조자리 알파성인 데네브가 북극성이 되고요. 다시 4,000년이 더 지나면 거문고자리의 베가가 다시 북극성이 되겠지요.

북극성이 바뀌는 이유는 지구 자전축이 23도 기울어져 있기 때문이에요. 그러니까 긴 시간을 거치면 지구는 팽이처럼 돌게 됩니다. 팽이 축을 중심으로 팽이가 도는데 그 축이 또 큰 원을 그리며 돌잖아요. 이걸 '세차운동'이라고 해요. 별들은 그냥 그 자리에 있어도 지구 자전축 북쪽이 가리키는 방향이 바뀌니 북극성도 바뀌게 됩니다.

별은 바뀌어도 우리에겐 북극성이 필요해요. 방향을 찾게 해주니까요. 북극성 찾는 법은 초등학교 때 배웁니다. 국자처럼 생긴 북두칠성 끝에 있는 두 별을 이어서 앞으로 5배 정도 나아가면 북극성이 딱 있죠. 밝은 별이라 찾기도 쉬워요.

북극성은 우리가 살아 있는 동안 늘 북극에 있고, 다른 별로 교체되어도 여전히 북극에 있을 겁니다. 그래야 북극성이니까요.

우리는 우주 속 어디에 위치해 있을까요?

설마 제가 알고 있으리라고 생각하고 묻지는 않으셨겠죠? 제가 아는 건 이 정도예요. 태양계 지구 아시아 대한민국 경기도 고양시 일산동구 경의로 333번지 OOO동 OOOO호, 그러니까 저는 대략 태양계 안에서의 제 위치만 알고 있는 셈이죠.

우리가 이 정도를 알게 된 것도 불과 얼마 되지 않아요. 왜냐하면 태양계가 엄청나게 크기 때문이죠. 태양계를 100억분의 1로 축소해봐요. 100분 1, 아니에요. 1억분의 1, 아니에요. 100억분의 1입니다. 태양계를 100억분의 1로 축소하면 넓이가 축구장 300개가 돼요. 동네 학교 축구장 말고 월드컵 축구장 300개요. 그러면 태양은 지름 14센티미터로 줄어들어요. 태어나서 본 사과와 배 가운데 가장 큰 걸 생각하시면 돼요.

목성과 토성은 엄청나게 큰 행성이에요. 하지만 100억 분의 1로 축소하면 아이들이 구슬치기할 때 쓰는 유리구슬 정도로 줄어듭니다. 천왕성과 해왕성도 마찬가지로 큰 행성이지만 콩알 정도예요. 그리고 수성, 금성, 지구, 화성 같은 암석 행성들은 모나미153 볼펜 끝에서 돌돌 도는 쇠구슬 정도가 됩니다.

축구장 300개를 정사각형으로 펼치고 한가운데 사과 1개 두고 유리구슬 2개, 콩알 2개, 볼펜 끝 쇠구슬 4개를 흩어놓으면 태양계입니다. 축구장 300개 넓이 땅에서 볼펜 끝 구슬 위 어디에 우리가 있는 거죠. 그 쇠구슬 위에 살면서 축구장 300개가 어떻게 생겼는지 안다는 사실만으로도 우리 인류가 얼마나 위대한지 정말 감탄할 수밖에 없습니다.

누가 우주선을 타고서 하늘 높이 올라가 목격해서 "와, 저기 태양이 중심에 있고, 행성들이 그 주변을 돌고 있구나"라고 말하는 게 아닙니다. 우리는 가보지 않고도 아는 거죠. 인간의 추리력과 논리력은 정말로 위대해요. 이 사실을 알게 된 게 불과 300년 전이에요.

자, 이젠 태양이 우주의 중심이 아님을 우리는 잘 알고 있죠. 태양은 2억 2,500만 년을 주기로 우리 은하의 중심을 한 바퀴 돕니다. 이건 갈릴레오도 몰랐던 겁니다. 지구는 자전을 하잖아요. 서울 위도인 북위 37도에 사는 사람들은 초속 370미터 속도로 돌고 있어요. 여객 항공기가 빨라야 초속 280미터거든요. 우리가 자전하는 속도가 비행기 속도보다 빠른 거예요. 적도 사람들은 더 빨리 돌아서 시속 464미터로 돌고 있어요.

지구는 또 공전을 합니다. 지구가 태양 주변을 공전하는 속도는 초속 30킬로미터예요. 그런데 태양도 가만히 있지 않아요. 은하 중심을 초속 220킬로미터로 날면서 돕니다. 지구는 혼자 자전하면서 태양을 돌고, 태양은 은하 중심을 도는데 엄청 빨리 돌아요. 우리는 정신을 차릴 수가 없어요.

게다가 우주는 잠시도 가만히 있지 않고 커지고 있어요. 우주는 137억 년 전 빅뱅이 일어난 후 지금도 계속 확장하고 있습니다. 우주가 커지는 속도는 측정자가 있는 위치에 따라 달라요. 가까운 곳은 천천히 확장하고 먼 곳은 빨리 확장하죠. 이러니 지금 우리가 우주 어디에 있느냐는 질문에 마땅히 드릴 답은 없어요. 중요한 것은 지금 여기에 있다는 것입니다.

왜 구름 모양은 다 다를까요?

구름은 모양이 정말 많습니다. 우리가 아는 이름은 얼마 안 돼도 말입니다. 과학자들은 그 구름에 일일이 이름을 다 붙여놨어요. 『국제구름도감』에는 이름이 무려 162개나 들어 있죠.

구름을 분류하기 시작한 것은 1803년부터입니다. 그 전에는 구름에게 이름 붙여줄 생각을 별로 하지 않았어요. 구름은 금세 사라져버리니까 특별히 관심을 갖지 않았죠. 더 중요한 이유가 있습니다. 구름에 대해 잘 몰랐기 때문입니다. 뭘 알아야 이름을 붙일 텐데 잘 모르니 이름을 붙이지 못했죠.

생물 분류를 할 때 종-속-과-목-강-문-계로 분류하잖아요. 종이 모여 속이 되고, 속이 모여 과가 되는 식이죠. 구름도 비슷하게 나눕니다. 10개 속이 있어요. 권운, 고적운, 적운 같은 게 그것입니다. 권운, 고적운, 적운을 쉬운 말로 새털구름, 양떼구름, 뭉게구름이라고 하지요. 속 밑에 종, 변종, 부속구름, 특수구름 같은 카테고리가 있습니다.

그런데 왜 구름 모양은 다 다를까요? 구름이 생길 때 기상 조건이 제각각이기 때문입니다. 구름은 땅과 바다에서 데워진 공기가 높이 올라가면서 생깁니다. 이때 공기가 천천히 올라가면 층구름이 됩니다. 때마침 바람이 불어서 산을 따라 급히 올라가면 쌘구름이 만들어지고요. 하늘에 올라간 구름은 바람에 따라 흩어지기도 하고 또 구름 속 물방울이 퍼지는 성질 때문에 다양한 모양으로 바뀝니다.

털실이나 좁은 띠 모양으로 여기저기 흩어진 새털구름, 비늘이나 잔물결 모양의 작은 구름이 규칙적으로 배열된 비늘구름, 천처럼 엷고 넓게 펼쳐진 면사포구름은 아주 높은 곳에 있는 구름입니다. 양떼구름이나 회색차일구름은 중간 높이에 있습니다. 얇은 파이 롤처럼 날린 모양의 아주 흔한 층쌘구름과 비 온 뒤에 안개처럼 산에 걸려 있는 안개구름은 낮은 높이에 있고요. 맑은 하늘에 수직으로 뭉게뭉게 솟아 있는 뭉게구름은 누구나 좋아합니다. 누구에게나 예쁘게 보이니까요. 기온이 높고 습한 공기가 솟아올라서 생긴 구름입니다.

구름 모양이 다 다른 이유는 구름이 생기는 높이와 생길 때의 공기 조건이 다르기 때문입니다. 참, 뜬구름은 『국제구름도감』에 없습니다. 그러니 뜬구름은 구름이 아니에요. 괜히 뜬구름 잡는 얘기하지 말자고요.

권운
(새털구름)

권층운
(면사포구름
또는 햇무리구름)

권적운
(비늘구름
또는 조개구름)

7,000m

적란운
(쌘비구름)

고적운
(양떼구름)

고층운
(회색차일구름)

5,000m

난층운
(비구름)

층적운
(층쌘구름 또는
두루마리구름)

적운
(뭉게구름)

2,000m

층운
(안개구름)

하늘 높이 뜬 달보다 지평선 가까이 뜬 달이 더 커 보이는 이유는 뭔가요?

"달 달 무슨 달 쟁반같이 둥근 달 어디 어디 떴나 남산 위에 떴지."

제목은 모르지만 옛날에 꽤나 부르면서 놀았습니다. 제가 어릴 때 살던 곳에는 남산도 없었는데 말입니다. 둥근 달은 해 질 무렵 동쪽에서 떠서 해 뜰 무렵 서쪽으로 집니다. 그러니까 밤새 볼 수 있는 거죠. 물론 아이들은 초저녁까지만 바깥에서 놀겠죠. 그러니 아이들이 본 남산은 동쪽에 있을 겁니다. 동쪽 남산 위에 있는 달이 유난히 크게 보였나 봐요. 아이들이 쟁반같이 둥근 달이라고 노래한 걸 보면 말입니다.

모든 문제에 꼭 등장하는 분이 계시죠. 바로 아리스토텔레스 선생님입니다. 아리스토텔레스는 달이 수평선 근처에 낮게 있을 때는 지구 대기가 돋보기 역할을 해서 크게 보인다고 설명했습니다. 지금부터 무려 2,400년 전에 합리적인 추론을 통해 자연을 해석한 아리스토텔레스는 정말 놀라운 분입니다. 아리스토텔레스가 말했으면 일단 믿어야겠죠. 우리는 모두 그의 제자가 되어야 합니다. 하지만 아리스토텔레스가 말한 과학 사실 대부분이 그렇지만 틀린 이야기입니다.

남산 위 보름달이 더 크게 보이는 까닭은 착시 때문입니다. '에빙하우스 착시'라고 하죠. 같은 크기의 원 A 2개를 각각 좌우로 떨어뜨려 놓습니다. 왼쪽 원 A 주변에는 A보다 큰 원들을 둥글게 늘어놓고, 오른쪽 원 A 주변에는 A보다 작은 원들을 둥글게 늘어놓습니다. 양쪽 두 원 A는 같은 크기지만, 큰 원에 둘러싸인 왼쪽 A보다 작은 원에 둘러싸인 오른쪽 A가 훨씬 크게 보입니다. 우리가 A를 볼 때 그걸 둘러싸고 있는 물체의 크기에 영향을 받기 때문이죠.

광활한 하늘에 있는 달보다 나무나 건물, 지평선 근처

에 있는 달이 훨씬 크게 보이는 것도 같은 이치입니다. 보름달이 뜰 때 팔을 쭉 펴서 엄지손톱과 크기를 비교해보세요. 그리고 하늘 높이 떴을 때 다시 엄지손톱과 비교해보세요. 차이가 없을 겁니다. 남산 위에 뜬 달도 높이 올라가면 다시 작게 보이지만 크기는 차이가 없습니다. 어떤 사람은 위대해 보이고 또 어떤 사람은 보잘것없어 보입니다. 실제로 그 사람의 크기가 다른 게 아닐 수 있습니다. 어떤 자리에 있느냐에 따라 다르게 느껴질 뿐이죠.

뜨거운 냄비에 물을 부으면 왜 작은 물방울들이 생기나요?

하늘에 떠 있는 구름은 액체인 물일까요? 아니면 기체인 수증기일까요? 액체인 물입니다. 물이 높은 하늘에 떠 있는 겁니다. 구름이 물인지 어떻게 아냐고요? 눈에 보이니까요. 수증기는 우리 눈에 보이지 않습니다.

주전자에 물을 끓일 때, 주전자 주둥이에서 하얀 김이 나오잖아요. 하얀 김은 물입니다. 100도가 되어서 기화된 수증기가 바깥 찬 공기 때문에 식어서 물이 된 거죠. 끓고 있는 주전자 주둥이와 하얀 김 사이에는 2~3센티미터 정도 투명한 부분이 있습니다. 여기가 바로 기체인 수증기가 있는 부분입니다.

액체인 물이 기체인 수증기가 되는 과정은 두 가지가 있습니다. 하나는 끓는 거죠. 과학에서는 '기화'라고 합니다. 기체로 변화한다는 뜻이에요. 100도 물이 100도 수증기가 되는 겁니다. 100도 물을 100도 수증기로 만드는 데는 많은 에너지가 필요합니다. 상태가 변하는 게 쉽지 않은 거죠. 19세 고등학생이 29세 대학생이 되는 게 쉬운 일이 아닌 것처럼 큰 에너지가 필요합니다.

그런데 물이 수증기가 되려면 꼭 온도가 100도까지 올라가야 하는 것은 아닙니다. 낮은 온도에서도 얼마든지 물이 수증기로 변할 수 있어요. 이것을 '증발'이라고 합니다.

증발과 기화는 일어나는 장소가 다릅니다. 기화는 끓는 물 전체에서 일어나지만, 증발은 물의 표면에서만 일어나죠. 물 분자가 물속에서 이리저리 다니면서 다른 물 분자와 충돌합니다. 이러면서 어떤 물 분자는 운동에너지를 잃기도 하고 그 와중에 운동에너지를 얻는 물 분자도 있죠. 당구공이 서로 부딪치다가 어떤 공은 속도를 잃고 또 어떤 공은 속도를 얻는 것처럼요. 물 표면에 있는 분자들은 밑에서 치받는 다른 분자로 운동에너지를 얻어 물 표면을 떠나 기체가 되어 날아갑니다. 이것이 증발입니다.

온도는 낮지만 수증기가 되어 하늘을 날아다니던 물 분자는 어떻게 될까요? 이리저리 다니면서 서로 부딪칩니다. 누구는 에너지를 얻고 누구는 에너지를 잃겠지요. 뜨거운 냄비에 물을 부으면 여기서도 기화는 아니더라도 증발은 일어납니다. 증발한 수증기 분자가 이리저리 다니다가 냄비 뚜껑이나 표면에 부딪히면 어떻게 될까요? 수증기 분자와 부딪힌 냄비가 꼼짝할 리가 없잖아요. 수증기 분자의 에너지를 냄비가 빼앗습니다. 수증기 분자는 에너지를 잃고 아주 작은 물 분자가 됩니다.

그런데 물 분자들은 서로 끌려 서로 달라붙는 성질이 있습니다. 공기 중에서는 워낙 빨리 움직이기에 서로 달라붙기 어렵지만, 냄비 표면에서는 느리게 움직이니 충분히 달라붙을 수 있죠. 그게 바로 냄비에 맺힌 물방울입니다. 공기 중 수증기도 그 사이에 물 분자가 있으면 달라붙습니다. 그렇게 만들어진 게 바로 구름입니다. 냄비에 맺힌 물방울들은 적어도 한 번은 물에서 벗어나 자유로운 상태가 됐던 분자들입니다. 운이 좋은 친구들이죠.

절기는 양력인데,
추석은 왜 음력으로 항상 바뀌나요?

춘분, 대서, 입동, 소한 같은 절기는 농사를 짓기 위해 생겨났습니다. 사람이 보기에 태양은 지구를 중심으로 움직이는데, 이 태양이 움직이는 길을 황도라고 해요. 황도는 둥근 길이죠. 이 길을 일정한 간격을 두고 24점을 정하고 이것을 24절기라고 합니다. 세종대왕 시절에 만든 우리나라 고유 달력인 칠정산은 대략 1개월에 2개씩 절기를 두어 24기로 나누었어요. 밤이 가장 긴 날인 동지를 기점으로 15.218425일씩 더하면서 24절기를 정했죠. 그러니까 절기는 달의 운동과는 아무런 상관이 없어요. 태양력에 따라 고정되어 있지요.

추석은 음력 8월 15일입니다. 음력으로 센다는 걸 봐서 24절기에 들지 않음은 쉽게 눈치챌 수 있을 거예요. 음력이다 보니 날짜가 오락가락합니다. 2014년에는 9월 18일이었지만, 2025년에는 10월 6일이죠. 왜 추석은 음력으로 정했을까요? 추석은 추수감사절과 같습니다. 한 해 농사를 거두고 농사에 도움을 준 땅의 신, 바람의 신, 비의 신, 곡식의 신, 조상신에게 감사를 드리는 거죠. 추수를 했으니 먹을거리가 1년 중 가장 풍부할 때입니다. 신에게 감사한다는 핑계로 먹고 마시며 즐기는 명절이 바로 추석입니다.

먹고 마시며 춤추고 놀려면 낮보다는 밤이 좋잖아요. 그 옛날 밤에 즐기기에는 보름달이 뜰 때가 최적기였겠죠. 그래서 추석은 추수할 무렵 보름달이 뜰 때로 정한 겁니다. 그러니까 너무 옛날에 정해서 음력 8월 15일이 된 셈이죠. 신라시대부터 '가위'라는 이름으로 추석 명절을 보냈습니다. 요즘 정했으면 굳이 음력 8월 15일 필요는 없었겠지요. 하긴 뭐 요즘은 1년 내내 먹고 즐기는 명절 아닌가요?

꼭 비누로 손을 씻어야 하나요?

제가 통계를 따로 살펴보지는 않았지만 아마 2020년은 대한민국 역사상 가장 많은 비누가 판매된 해일 것입니다. 저도 한 해 동안 한 5년 치 비누를 쓴 것 같아요. 하루에 열 번은 손을 씻었으니까요. 그래서일까요? 매년 한두 번씩 고생하던 결막염을 두 해째 겪지 않았어요.

우리는 왜 손을 자주 씻어야 할까요? 몸통은 차치하고라도 얼굴이나 발을 열심히 씻으라는 말은 하지 않으면서 손 씻기는 정말로 많이 강조하잖아요. 도대체 손에 뭐가 있어서 그럴까요?

손은 대표적인 세균의 온상입니다. 코로나19 같은 바

이러스가 아니더라도 손에는 온갖 병원균이 덕지덕지 붙어 있어요. 보통 사람은 한쪽 손에만 평균 6만 마리의 세균이 붙어 있습니다. 날아와서 붙는 세균도 있지만 대부분은 손을 대서 손에 묻은 것입니다. 우리는 늘 움직이면서 뭔가를 만지잖아요. 문고리를 만지고, 수저를 만지고, 컵을 만지고, 종이를 만지고, 안경을 만지고, 얼굴을 만지고, 키보드를 두드립니다. 또 사랑하는 연인의 손을 잡고 얼굴을 쓰다듬습니다. 끊임없이 세균이 손으로 옮겨올 수밖에 없죠.

세균은 환경만 좋으면 20분에 2배로 늘어납니다. 손바닥은 그리 나쁜 환경이 아니에요. 적절한 온도와 습기가 있거든요. 제가 세균이라면 사람 손바닥 정도면 매우 만족하며 살 것 같습니다. 그러니 어떻게 하시겠습니까? 씻어야 하지 않겠습니까?

이렇게 말하면 꼭 말대꾸하는 친구들이 있어요. "정모야! 사람 피부로 박테리아가 침투할 수 있니, 없니?"라면서 말이죠. 물론 피부를 통해 박테리아가 침투할 수는 없습니다. 박테리아는 제법 크거든요. 다행이죠. 만약에 우리 피부를 통해 박테리아가 침투할 수 있다면 불안해서 어떻게 살겠어요. 수영장의 축축한 바닥을 걸을 때마다 발바닥 피부를 통해 세균이 몸속으로 들어온다고 생각해보세요. 생각만 해도 끔찍합니다.

우리가 어떤 물건을 손으로 만지기만 하고 그 손을 절대로 얼굴에 대지 않는다고 하면 손을 안 씻어도 될지 몰라요. 그런데요, 우리는 하루에도 무수히 손으로 얼굴을 만집니다. 얼굴을 만지는 행위는 스스로 안정감을 주고 상대방을 유혹하기도 하거든요. 또 일 하나를 마치고 다른 일을 할 때도 얼굴을 만집니다. 이제 다시 시작이야 하는 신호인 셈이죠.

우리는 하루에 얼굴을 몇 번이나 만질까요? 한 시간에 스물세 번 정도 만진다고 합니다. 대략 2분마다 한 번씩 만지는 셈입니다. 주로 눈, 코, 입을 만집니다. 세균과 바이러스가 침투하기 좋은 점막이 있는 곳이죠.

손 씻기는 중요합니다. 이제 이걸 모르는 사람은 없어요. 그런데 그냥 물에 씻는 게 아니라 꼭 비누로 씻어야 합니다. 왜냐하면 비누가 세균의 세포막을 녹이고, 바이러스의 표면 단백질이 붙은 지방질 성분을 녹이기 때문입니다. 비누로 씻으면 세균과 바이러스가 부서져서 하수

구로 흘러가는 겁니다. 이때 30초라는 시간이 중요합니다. 바이러스와 단백질의 외피가 약하지 않거든요. 개네들을 파괴하려면 그 정도의 노력은 해야 합니다.

세균을 없애는 가장 좋은 방법은 뭔가요?

오늘 아침 제 체중은 78킬로그램이었습니다. 이 가운데 2킬로그램은 세균이에요. 제 몸에는 100조 마리 세균이 행복하게 살고 있죠. 서로 큰 해를 주지 않고 살아요. 때로는 면역반응에 도움을 주기도 합니다. 오죽하면 똥 이식 같은 치료법이 있겠어요.

하지만 중요한 것은 우리에게 해를 끼치는 박테리아들이 있다는 사실입니다. 그 가운데 아홉 가지 정도는 기억할 필요가 있어요. 이름은 모르더라도 어떤 병이 어떤 박테리아 때문인지는 기억할 필요가 있습니다.

1. 폐렴을 일으키는 아시네토박터 바우마니Acinetobacter baumannii.

2. 슈도모나스. 물과 흙에 많습니다. 사람뿐만 아니라 동식물에게 큰 피해를 줍니다. 달콤한 냄새가 나는 녹색 농을 만든다고 해서 녹농균Pseudomonas aeruginosa이라고도 합니다.

3. 장내세균Enterobacteriaceae. 장티푸스와 이질을 일으키는 세균들을 일컫습니다.

4. 신생아 수막염의 원인이 되고 장을 손상시키는 엔테로코커스 페시움Enterococus faecium.

5. 결막염, 패혈증, 뇌수막염을 일으키는 황색 포도상구균Staphylococcus aureus.

6. 위염과 위궤양, 위암을 일으키는 헬리코박터 파일로리Helicobacter pylori.

7. 설사와 복통 그리고 관절염을 일으키는 캠필로박터Campylobacter.

8. 살모넬라Salmonella. 대표적인 식중독균이죠.

9. 임질을 일으키는 임균Neisseria gonorrhaeae.

모든 박테리아는 아니지만 많은 박테리아는 항생제로 치료할 수 있습니다. 그렇다고 해서 우리가 세균 없는 세상에 살 수는 없어요. 세균, 박테리아는 인간보다 그 역사가 훨씬 길거든요. 인류는 700만 년 전 그리고 우리 호모 사피엔스는 기껏해야 30만 년 전에야 등장했지만, 박테리아는 이미 38억 년 동안 지구를 지배하고 있습니다.

그러다 보니 세균을 지나치게 무서워하는 분들이 있어요. 이런 청결강박증을 앓는 사람들은 우리나라에도 꽤 많습니다. 100명에 두세 명이라고 해요. 그런데 주변에서 잘 못 보셨죠? 청결강박증에 시달리면서도 티 안 내느라 얼마나 힘드실지.

청결강박증이 없는 사람들도 좀 청결하게 살자고요. 가끔가다가 화장실에서 볼일 보고서 손 안 씻는 친구들이 있어요. 당연히 한소리 하죠. 손 씻으라고. 그러면 꼭 반박을 해요. "나 손에 안 묻었어"라고요. 우리가 화장실에서 볼일 본 후에 손을 씻는 것은 손에 뭐가 묻어서가 아닙니다. 일상생활을 하다 보면 이것저것 만지고 그러다 보면 손에 온갖 세균이 살게 되죠. 그러니 한두 시간마다 손을 씻어야 해요. 마침 우리는 한두 시간마다 화장실에

가잖아요? 화장실에서 볼일 보고 나올 때 손을 씻는 겁니다.

코로나19가 우리를 많이 변하게 했죠. 코로나19 이후로 지하철 남자 화장실에서 손 씻겠다고 줄 선 모습을 처음 봤어요. 코로나19 이후 내과와 소아과에 환자가 없어 병원 운영이 힘들다고 하네요. 다들 손을 열심히 씻고 마스크를 쓰기 때문입니다. 전, 세균이 무서운 게 아니라 손 안 씻는 제 친구들이 무서워요.

항생제는 바이러스를 파괴하지 못하나요?

항생제는 미생물이 만든 물질인데, 다른 미생물이 자라지 못하거나 죽게 만드는 물질을 말합니다. 그러니까 일단 미생물이 만들어야 하는 거예요. 그리고 다른 미생물을 죽여야 하는 거죠. 항생제는 종류도 많고 그 종류에 따라 작용하는 방식도 여러 가지입니다.

첫 번째 흔한 방식은 박테리아 껍질인 세포벽이 자라지 못하게 하는 겁니다. 페니실린이 바로 그것이죠. 사람에게 쓰기 아주 좋아요. 왜냐하면 사람 세포에는 세포벽이 없거든요. 세포벽을 부순다는 것은 사람 세포는 가만히 놔두고 박테리아만 부순다는 참으로 영리한 방법입니다.

그런데 세포벽이 없는 미생물도 있어요. 이런 미생물에게는 쓸모가 없는 항생제죠.

두 번째 방식은 단백질을 합성하지 못하게 하는 겁니다. 생명체가 살아가려면 반드시 단백질 효소가 있어야 하거든요. 단백질을 만드는 데는 리보솜이라고 하는 작은 장치가 필요한데, 테트라사이클린 같은 항생제가 이 리보솜을 망가뜨립니다. 그러면 사람의 리보솜도 영향을 받을 수 있잖아요. 다행히 사람 세포의 리보솜은 세균의 리보솜과 달라서 이 항생제의 영향을 안 받습니다.

세 번째 방식은 DNA 복제를 막는 겁니다. DNA가 복제되지 않으면 후손을 남길 수 없으니까요. 퀼놀론계 항생제가 그것인데요. 이것도 사람에게는 작용하지 않습니다.

항생제가 사람 세포를 죽이지 않는 것은 참 고마운 일이지만, 바이러스는 죽이지 못해요. 왜냐하면 바이러스는 세포벽도 없고 리보솜도 없거든요. 게다가 바이러스를 죽이는 물질은 사람 세포에게도 영향을 줍니다. 그래서 바이러스를 막기 위해서는 백신이 필요합니다.

감기에 걸리면 왜 콧물이 흐르나요?

요즘 손수건 들고 다니시는 분들 별로 없죠? 전 초등학교 1학년 때는 매일 사용했습니다. 주머니에 넣고 다니는 게 아니라 가슴에 이름표와 함께 옷핀으로 달고 다녔지요. 저만이 아니라 전국 초등학교 입학생들이 다 그랬죠.

당시 초등학교 입학생들은 왜 손수건을 가슴에 달고 다녔을까요? 손 씻은 다음에 손에 묻은 물을 닦아내기 위해서는 아니었습니다. 콧물이 줄줄 흐르는 코를 풀기 위해서였죠. 스스로 푸는 경우보다는 선생님이 제 가슴에 붙은 손수건을 이용해서 제 코를 풀어주시곤 했습니다. 요즘은 면 손수건 대신 티슈나 물휴지를 사용하지요.

궁금하네요, 그 시대엔 왜 다들 콧물을 그렇게 흘렸을까요? 다들 콧물감기에 걸렸기 때문이죠. 그땐 감기에 참 잘 걸렸습니다. 영양 상태도 안 좋은 데다가 잘 안 씻었거든요. 오죽하면 학교에서 담임 선생님이 아이들 손 검사를 다 했겠어요.

요즘은 감기 기운이 조금만 있어도 병원에 가잖아요. 감기 걸렸지만 돈 때문에 병원에 가는 게 꺼려지지 않잖아요. 우리나라는 의료보험이 정말 좋거든요. 1970년대만 해도 그렇지 않았습니다. 병원에 가려면 돈이 들었기 때문에 감기 정도는 그냥 참고 살았죠. 또 병원에 가려고 해도 가까이에 병원이 있지도 않았어요. 약도 잘 안 먹였습니다. 초등학교 입학하기 전엔 콧물이 나오면 그냥 옷으로 쓱 닦았습니다. 그래서 옷소매 부분이 다들 반질반질했지요.

콧물은 아주 귀찮습니다. 하지만 우리 몸이 박테리아와 바이러스의 공격에 맞선 결과입니다. 감기 바이러스가 코와 목구멍의 점막 안으로 침투하면 뇌는 체온을 37도 이상으로 높입니다. 체온이 올라가면 바이러스 증식을 막을 수 있거든요. 또 점액 양을 늘려 점막 안으로 침입하려는 바이러스를 막으면서 몸속으로 침입한 물질을 몸 바깥으로 내보냅니다. 그러니까 콧물이 나올 때는 자주 코를 푸는 게 좋습니다.

독일에서 수업을 들을 때였습니다. 유기화학 선생님이 감기에 걸렸어요. 수업 시간에 티슈로 코를 푼 다음 잘 접어 왼쪽 주머니에 넣더군요. 다음에는 새 티슈로 코를 풀고는 또 잘 접어 오른쪽 주머니에 넣었습니다. 그다음에는 왼쪽 주머니에서 티슈를 꺼내 코를 푸시더군요. 그 사이 코가 마르니 재활용하신 겁니다. 독일 사람들은 담배 피울 때도 성냥을 아끼려고 일곱 명이 모인 다음에야 핀다는 얘기는 말도 안 되지만, 티슈 아끼는 사람은 흔했습니다. 저도 따라 합니다. 티슈에 배어들어 간 콧물과 하루를 보냅니다. 저의 흔적이거든요.

코로나바이러스는
왜 죽지 않고 자꾸 변이를 하죠?

바이러스는 죽을 수가 없어요. 왜냐하면 죽음이란 생명체의 특성인데, 바이러스는 딱히 생명체라고 할 수 없거든요. 바이러스는 다른 생명체에 의존해 번식하는 존재일 뿐입니다. 다른 생명체에 들어가서 유전자를 복제하는 과정에 무수한 오류가 나타나고 이것이 변이의 원인이 됩니다. 바이러스는 동물, 식물, 박테리아 같은 숙주가 있어야 하는 기생체예요. 우리를 괴롭히는 코로나바이러스는 사람이라는 숙주에 기생하죠. 마스크를 잘 쓰고 백신을 맞아 침입할 수 있는 사람이 줄어들면 자연스럽게 사라질 겁니다. 우리에게 달렸습니다.

왜 우리는 데자뷔 현상을 느끼는 걸까요?

요즘은 우리말로 기시감이라는 표현을 많이 쓰지만, 한때는 데자뷔 또는 데자뷰라고 폼 나는 프랑스어를 쓰곤 했지요. 기시감 또는 데자뷔는 어떤 물건이나 사람을 방금 처음 봤는데, 이미 본 적 있는 것처럼 느낀다거나 지금 당하는 경험이 마치 이전에 경험한 것처럼 느껴지는 현상을 말합니다. 이런 현상을 학문적으로 처음 기록한 사람도 프랑스 사람이고 이름을 붙인 사람도 프랑스 사람이다 보니 데자뷔라는 프랑스 단어가 널리 쓰였습니다.

프랑스어로 데자뷔déjà-vu는 그냥 '이미 본'이라는 뜻입니다. 이미 기, 볼 시, 느낄 감을 써서 기시감既視感으로 옮

긴 번역어는 탁월하죠. 그런데 우리가 느끼는 기시감, 데자뷔는 도대체 그걸 어디서 봤다는 걸까요? 여러분은 어디서 먼저 보신 것 같습니까? 저도 데자뷔 경험이 많이 있는데, 꿈에서 본 것들이에요. "앗! 이 장면은 전에 꿈에서 본 건데! 어떻게 이런 일이……" 하는 거죠. 데자뷔에 관해 과학자들은 크게 두 가지 견해로 나뉩니다.

첫 번째 학설은 뇌의 착각이라는 겁니다. 우리의 뇌는 일상생활에서 엄청난 정보를 수집합니다. 수집한 정보는 저장해야 하는데, 그걸 어떻게 다 제대로 저장하겠어요. 대충 하죠. 대충 한다고 하면 너무 마구 산다는 느낌이 드니까 간략하게 한다고 할까요? 이게 문제입니다. 우리는 간략하게 메모하듯 기록해두고서 이걸 가지고 장황하게 설명하다 보면 구멍이 많다는 것을 느끼게 되는데, 우리 뇌는 매우 영특해서 그 구멍을 스스로 메꿔요. 일상생활 속 대화에서도 일어나는 일입니다. 엄청나게 많은 정보가 간략하게 기록되어 있다 보니 비슷한 기억을 같은 기억으로 판단하는 거죠.

두 번째 학설은 뇌에 저장되어 있기는 해도 평상시에는 떠올릴 일이 없던 기억, 그러니까 잊힌 기억이 비슷한 경험을 하면서 되살아난다는 겁니다. 사람의 뇌가 뛰어나서 생기는 일입니다. 뇌의 기억력은 엄청나요. 스치듯이 한 번 본 것도 그냥 잊어버리지 않고 뇌 어딘가에 차곡차곡 저장해놓죠. 평상시에는 그 기억을 끄집어내지 않아요. 그렇지 않아도 정신없고 바쁜데 그걸 왜 끄집어내겠어요, 자주 접하는 것들만 꺼내겠죠.

하지만 우리 뇌는 훨씬 많은 것을 기억하기 때문에 범죄 수사를 할 때 최면요법을 쓸 수 있어요. 목격자의 뇌 어느 구석 서랍에 보관된 기억을 끄집어내기 위해 최면을 걸어 그 서랍을 여는 겁니다. 거기엔 생생하게 기록되어 있어서 도주 차량의 번호판까지 읽을 수 있답니다.

데자뷔는 우리가 예전에 했던 일을 하거나 새로운 곳을 방문했을 때 처음 하는 일인데, 똑같은 일이라고 느끼는 것일 수 있습니다. 뇌가 건강할 때 일어나는 현상입니다. 데자뷔, 여러분은 어떠신가요? 저는 소름이 끼친다기보다는 즐거운 경험이더라고요.

행복하다고 마음먹으면 행복해지나요?

네, 행복하다고 마음먹으면 행복해지더라고요. 그런데 행복하다고 마음먹기 전에 먼저 행복해지는 것 같아요. 행복하면 행복하다고 느껴지고 또 행복하다고 느끼면 행복한 거죠. 누구나 행복하게 살기 원하는데, 이게 혼자 할 수 있는 일이 아니에요. 혼자서는 행복해질 수가 없거든요. 옆 사람이 행복해야 자신이 행복합니다. 또 자신이 행복해야 옆 사람이 행복해지고요.

어떻게 해야 행복해지는지는 저도 잘 모르겠어요. 그런데 불행해지는 방법은 알아요. 비교입니다. 자신을 남들과 비교하면 100퍼센트 불행해져요. 아파트 평수를 비교하고, 학력을 비교하고, 성적을 비교하고, 키를 비교하고, 몸무게를 비교하고, 농구 실력을 비교하고, 여자친구를 비교하면 무조건 불행해져요. 욕심은 끝도 없거든요. 욕심내지 말자는 게 아니에요. 비교하지 말자는 거죠. 왜? 불행해지니까요.

억지로라도 웃으면 기분이 좋아질까요?

「웃으면 복이 와요」라는 옛날 코미디 프로그램이 있어요. 그런데 정말 웃으면 복이 올까요? 아니, 웃으면 정말 기분이 좋아질까요? 그런 것 같아요.

웃음 전도사라는 분을 만난 적이 있는데요. 재밌는 이야기나 행동을 해서 자연스럽게 청중들이 웃게 만들기도 하지만 때로는 무작정 웃으라고 해요. 웃기잖아요, 웃기지도 않은데 막 웃으라고 하니까. 하지만 분위기 때문에 억지로라도 큰 소리로 "하하하하하" 하고 웃습니다. 박수도 치면서 큰 소리로 웃어요. 그랬더니 말이에요, 정말로 기분이 좋아지는 거예요. 정말로 행복해진 것 같았어요. 저만 그런 게 아니라 다른 사람도 다들 기분이 좋아지더라고요.

궁금하죠? 왜 웃기지도 않은데 웃는다고 기분이 좋아질까요? 우리가 마음껏 운동하고 나면 몸은 힘들어도 기분은 좋습니다. 운동하면서 온몸에 깨끗한 산소가 공급되기 때문입니다. 새로운 공기를 넣으려면 그 안에 있던 공기를 빼내야 하죠. 심호흡을 해서 그만큼 몸속에 있던 안 좋은 공기를 빼는 겁니다. 웃는 것도 비슷해요. 웃는 것도 운동이에요. 유산소 운동. 하하하 소리를 내며 몸속 공기를 바깥으로 빼냅니다. 공기는 틈만 있으면 들어가서 공기가 빠져나간 공간에 새로운 공기를 들여놓죠. 운동을 하니 심박수가 높아지고 혈액순환이 잘됩니다. 자연스레 기분도 좋아집니다.

그렇다면 웃을 때 어떻게 웃는 게 좋을까요? 확실하게 웃는 겁니다. 광대뼈가 움직일 정도로 입을 크게 벌리고 웃는 거예요. 저는 축구 하다가 다치고 래프팅 하면서 다쳐서 여러 번 입원했어요. 손가락뼈, 갈비뼈, 눈알을 받히는 안와바닥뼈가 부러졌습니다. 아파요. 그런데 진통제를 맞으면 덜 아파요. 안 아픈 게 아니에요. 덜 아픈 거예요.

또 코미디 프로그램을 보는 동안에는 안 아프더라고요. 그래서 1970년대 이미 미국에서는 통증 완화를 위해 웃음 치료를 시작했죠. 억지웃음도 효과가 있습니다.

마찬가지로 울어도 기분이 좋아집니다. 화가 나고 긴장이 될 때 한바탕 울고 나면 마음이 안정되고 편해지잖아요. 이게 바로 기분이 좋아진 거예요. 울 때 눈물을 확 흘려야 해요. 스트레스를 받으면 부신피질자극호르몬, 그러니까 스트레스 호르몬이 늘어나거든요. 그런데 눈물을 흘리면 스트레스 호르몬이 줄어들면서 호흡이 안정되고 심박수가 떨어지죠. 그리고 행복감을 느끼게 하는 옥시토신과 엔도르핀이 늘어납니다. 울고 싶을 때는 참지 말고 마음껏 울어요!

죽으면 어디로 가나요?

사람마다 달라요. 기독교 신자들은 천당으로 가고 불교 신자들은 극락세계로 갑니다. 가끔 평생 나쁜 짓만 하던 사람들은 지옥으로 갈 수도 있고요. 뭐, 평생 나쁜 일만 한 사람이 얼마나 되겠어요. 좋은 일도 많이 했겠죠. 천당, 극락, 지옥으로 가기 전에 공통으로 들리는 곳이 있어요. 장례식장과 화장터 그리고 묘지죠. 여기까지는 확실합니다. 많은 목격자가 있으니까요. 그다음 일은 그저 짐작 또는 소망일 뿐입니다. 다녀와서 이야기해준 사람이 아직 아무도 없어요. 어디로 갈지 걱정되세요? 일단 착하게 살아보자고요. 안전하게.

과학관으로 온 엉뚱한 질문들

초판 1쇄 발행 2021년 11월 26일
6쇄 발행 2024년 9월 10일

지은이 이정모
그린이 신지현

펴낸이 이정화
펴낸곳 정은문고
등록번호 제2009-00047호 2005년 12월 27일
전화 02-392-0224
팩스 0303-3448-0224
이메일 jungeunbooks@naver.com
페이스북 facebook.com/jungeunbooks
블로그 blog.naver.com/jungeunbooks

ISBN 979-11-85153-46-9 03400

책값은 뒤표지에 쓰여 있습니다.